粮改饲—优质青贮行动计划（GEAF）

U0884344

中国全株玉米青贮质量安全报告

（2021）

全国畜牧总站
中国农业科学院北京畜牧兽医研究所 编

中国农业科学技术出版社

图书在版编目（CIP）数据

中国全株玉米青贮质量安全报告. 2021 / 全国畜牧总站，中国农业科学院北京畜牧兽医研究所编. —北京：中国农业科学技术出版社，2022. 4

ISBN 978-7-5116-5697-1

Ⅰ. ①中… Ⅱ. ①全… ②中… Ⅲ. ①青贮玉米—质量管理—安全管理—研究报告—中国—2021 Ⅳ. ①S513

中国版本图书馆 CIP 数据核字（2022）第 051586 号

责任编辑 金 迪
责任校对 马广洋
责任印制 姜义伟 王思文

出 版 者 中国农业科学技术出版社
北京市中关村南大街12号 邮编：100081
电 话 （010）82106625（编辑室）（010）82109702（发行部）
（010）82109709（读者服务部）
传 真 （010）82106650
网 址 http:// www.castp.cn
经 销 者 各地新华书店
印 刷 者 北京地大彩印有限公司
开 本 210 mm × 285 mm 1/16
印 张 4.25
字 数 56千字
版 次 2022年4月第1版 2022年4月第1次印刷
定 价 98.00元

中国全株玉米青贮质量安全报告（2021）

编　委　会

编写人员

主　编： 王加亭　卜登攀　马　莹　闫　敏

副主编： 赵连生　马　露　赵恩泽　钱政成　陈雅坤

编　者（按姓氏笔画排序）：

万发春　马　毅　马记成　马甫行　王　典　王之盛　王明辉　王建平　王桂英　工根林　王梦芝　叶东东　申　军　司丙文　曲永利　庄洪廷　刘　茁　刘　栋　刘　温　刘云祥　刘光磊　刘国春　刘鹰昊　李　岚　李　霞　李大刚　李龙兴　李明顺　李树聪　杨　库　杨　忠　杨日桓　杨红建　杨丽萍　吴　哲　吴兆海　沈旖帆　宋敏艳　张　帅　张　宇　张　鹏　张大伟　张文举　张巧娥　张佩华　张建勇　张养东　张桂国　张海成　陈　莹　周　旌　周振峰　郑爱荣　项明义　赵　勐　祖晓伟　姚军虎　袁桂英　耿金才　高　民　高佳佳　高艳霞　郭　玮　郭同军　郭旭生　郭江鹏　郭丽鲜　黄莉莉　脱征军　梁　坤　屠　焰　韩吉雨　景春梅　臧长江　瞿明仁

Preface 前　言

饲草产业是现代农业的重要组成部分，是调整优化农业结构的重要着力点。党中央、国务院高度重视饲草产业发展，自2015年启动粮改饲试点项目以来，已累计投入资金120.9亿元，支持“镰刀弯”和黄淮海地区17个省区及新疆生产建设兵团和北大荒农垦集团实施粮改饲，通过以需定产、为养而种，优质饲草需求快速增加，积极推广种养结合模式，草食畜牧业集约化发展步伐加快，成效显著。一是促进了种植业结构调整，全株青贮玉米等优质饲草料种植面积不断扩大，显著增加了优质饲草供给，极大推动了草食畜牧业增产增效增收。二是推行草畜一体化发展，种养结合紧密，草食畜牧业绿色发展持续向好。三是培育了一批专业“种、收、贮、加、销”服务组织，饲草收获机械化水平大幅提升，饲草产业初具规模。2015年以来，粮改饲实施范围从最初10省区的30个县扩大到17省区的808个县，面积从286万亩扩大到1 939万亩，收贮量从995万吨提高到5 272万吨。

2021年中央一号文件指出，“要鼓励发展青贮玉米等优质饲草饲料”。党的十九届五中全会明确提出，推动农业供给侧结构性改革，优化农业生产结构和区域布局；在新发展阶段，优化农业生产结构的一项重点任务是增加优质饲草料供应，优化畜产品供给结构的重点是增加牛羊肉和奶类供给。《国务院办公厅关于促进畜牧业高质量发展的意见》《农业农村部关于推进肉牛肉羊生产发展五年行动方案》明确提出“积极发展牛羊产业，因地制宜推行粮改饲，发展青贮玉米、苜蓿和燕麦等优质饲草。《“十四五”推进农业农村现代化规划》提出要“推进粮经饲统筹、农林牧渔协调”“鼓励发展青贮玉米等优质饲草饲料”等。因此，“十四五”期间，优质饲草料需求继续增加，粮改饲项目发展前景广阔。

为全面掌握粮改饲实施区域全株玉米青贮质量情况，2021年，受农业农村部委托，全国畜牧总站和中国农业科学院北京畜牧兽医研究所组织实施了粮改饲—优质青贮行动计划（GEAF计划），在粮改饲区域的各级行政主管部门、技术推广单位和生产企业积极配合下，从种植、调制、评价和利用四个环节推广关键技术，并对全国全株玉米青贮质量安全状况进行综合评价，形成了《中国全株玉米青贮质量安全报告（2021）》（以下简称《质量安全报告》），旨在为全国粮改饲项目管理提供参考，帮助各粮改饲区域了解全株玉米青贮质量和安全现状，更好地推进粮改饲政策落地落实，推动畜牧业高质量发展。从《质量安全报告》结果看，全国粮改饲区域全株玉米青贮91.3%达到良好水平（其中22.4%达到优秀水平）。但是在不同地域、不同畜种全株玉米青贮质量之间存在明显差距，黄淮海地区青贮质量状况最好，西北地区和东北地区青贮质量状况较好，且明显高于西南和华南地区；奶牛养殖企业全株玉米青贮质量高于肉牛和肉羊养殖企业。

2021年中国全株玉米青贮质量安全报告

为深入做好粮改饲工作，进一步掌握粮改饲区域全株玉米青贮饲料质量状况，农业农村部畜牧兽医局委托全国畜牧总站和中国农业科学院北京畜牧兽医研究所组织实施了粮改饲—优质青贮行动计划（GEAF计划），从种植、调制、评价和利用四个关键环节推广关键技术，全面提升青贮饲料品质，推动畜牧业高质量发展。2021年，根据工作计划，对全国17个粮改饲区域的808个县粮改饲收贮主体的全株玉米青贮饲料进行质量跟踪评价，共采集有效样品950个，每个样品检测21项营养、发酵和安全指标，同时结合相关单位委托检测评价的929个玉米青贮样品数据，共检测样品1 879个，结合全株玉米青贮质量分级指数（CSQS），形成了《中国全株玉米青贮质量安全报告（2021）》。

一、评价结果

按照全株玉米青贮质量分级指数评价①，2021年全国粮改饲区域全株玉米青贮质量91.3%达到良好及以上水平（图1），CSQS同比提高1.4%（表1）。但是全株玉米青贮质量在不同地域和草食动物畜种之间仍存在明显差距，黄淮海地区全株玉米青贮质量分级指数比西南地区和华南地区分别高

---

①以全株玉米青贮营养指标（干物质、粗蛋白质、淀粉、粗脂肪、30h中性洗涤纤维消化率）和发酵指标（氨和乳酸）为核心构建的全株玉米青贮质量分级指数（CSQS）能全面反映全株玉米青贮的营养和发酵品质，$CSQS_{(0\sim100)}=(CSQI-0.09)/0.84\times100$；CSQI为全株玉米青贮质量指数，$CSQI=\sum(Wi\times Si)$，其中，$Si$表示以营养指标（干物质、粗蛋白质、淀粉、粗脂肪、30h中性洗涤纤维消化率）和发酵指标（氨和乳酸）的测定含量，Wi为各个指标的权重。

20.3%和31.2%，奶牛养殖企业全株玉米青贮质量分级指数比肉牛和肉羊养殖企业分别高13.0%和12.4%。

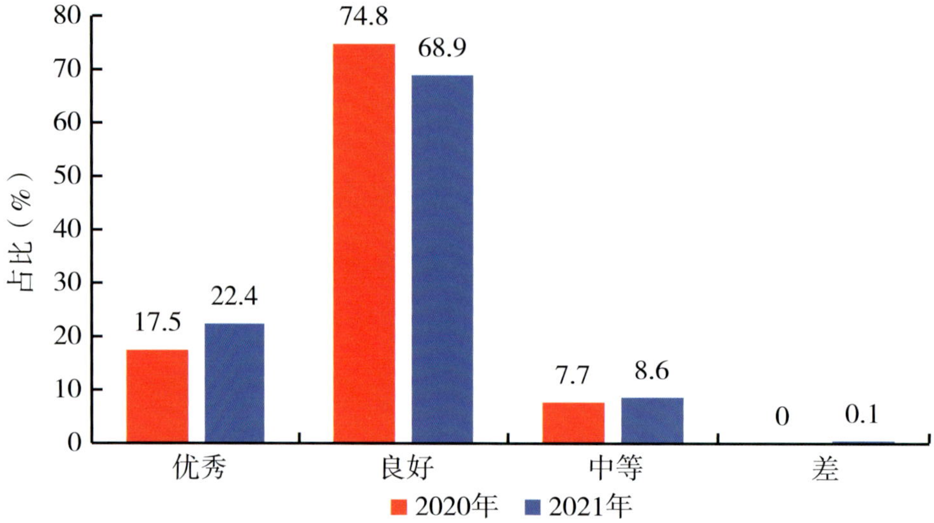

图1　全株玉米青贮质量分级指数（CSQS）分布

（一）全株玉米青贮质量稳步提升

随着粮改饲GEAF计划有序推进，加快了青贮饲料调制技术规范化和标准化进程，全株玉米青贮质量稳步提升。2021年，我国粮改饲区域全株玉米青贮质量达到良好及以上水平的牧场占91.3%，其中优级水平达22.4%，同比提高4.9个百分点，CSQS平均值为65.8分，同比提高1.4%。其中，粗蛋白质（CP）含量提高了3.5%；氨含量降低了3.2%（表1），表明全株玉米青贮在收割、调制和贮后管理等技术环节得到改善。

表1　2020—2021年全株玉米青贮质量变化情况

项目	2020年	2021年	SEM	*P*值
干物质（%）	29.3	29.0	0.11	0.34
粗蛋白质（%DM）	8.6	8.9	0.02	<0.01
30h中性洗涤纤维消化率（%DM）	61.0	60.3	0.09	<0.01
淀粉（%DM）	28.6	27.0	0.15	<0.01
粗脂肪（%DM）	4.08	4.12	0.01	<0.01

（续表）

项目	2020年	2021年	SEM	*P*值
氨（%DM）	0.94	0.91	0.01	<0.01
乳酸（%DM）	4.6	4.5	0.03	<0.01
全株玉米青贮质量分级指数				
CSQS（分）	64.9	65.8	0.25	0.35

注：DM表示干物质；SEM表示平均值的标准误差；*P*表示差异显著性，下同。

（二）不同区域、不同畜种全株玉米青贮质量差异明显

从CSQS评价结果看，不同区域、不同养殖畜种之间，全株玉米青贮饲料质量持续提升。黄淮海地区（69.4分）、西北地区（65.5分）、东北地区（62.7分）显著高于西南地区（57.7分）和华南地区（52.9分）（表2），奶业主产区的全株玉米青贮质量整体水平仍高于其他区域。由于产业成熟度和养殖规模程度差异，奶牛养殖企业全株玉米青贮质量整体好于肉牛和肉羊养殖企业（表3），奶牛、肉牛和肉羊养殖企业较2020年分别提高1.0%、1.7%和1.3%。奶牛养殖规模越大，青贮质量越高（表4），产生了良好的带动辐射作用。

表2　不同种植区域全株玉米青贮质量比较

项目	黄淮海地区[1]	西北地区[2]	东北地区[3]	西南地区[4]	华南地区[5]	SEM	*P*值
干物质（%）	30.6^{a}	$28.1b^{c}$	29.5^{ab}	25.9^{d}	27.2^{cd}	0.15	<0.01
粗蛋白质（%DM）	8.8^{b}	8.9^{b}	8.7^{b}	9.4^{a}	9.6^{a}	0.02	<0.01
30h中性洗涤纤维消化率（%DM）	60.7^{ab}	60.2^{abc}	59.8^{bc}	59.3^{c}	61.0^{a}	0.08	<0.01
淀粉（%DM）	29.3^{a}	26.5^{a}	26.6^{a}	21.7^{b}	15.0^{c}	0.24	<0.01
粗脂肪（%DM）	4.2^{a}	4.1^{ab}	4.0^{bc}	3.8^{c}	3.5^{d}	0.01	<0.01
氨（%DM）	0.94^{a}	0.89^{ab}	0.86^{b}	0.92^{ab}	0.89^{ab}	0.01	<0.01
乳酸（%DM）	4.6^{a}	4.5^{a}	4.3^{ab}	4.1^{b}	3.6^{c}	0.03	<0.01

（续表）

项目	黄淮海地区[1]	西北地区[2]	东北地区[3]	西南地区[4]	华南地区[5]	SEM	*P*值
全株玉米青贮质量分级指数CSQS（分）							
2020年	68.4[a]	64.1[abc]	61.9[bc]	58.2[c]	49.2[d]	0.38	<0.01
2021年	69.4[a]	65.5[ab]	62.7[b]	57.7[c]	52.9[d]	0.34	<0.01

注：同行相同字母表示差异不显著，不同字母表示差异显著，下同。

[1]黄淮海地区：山东、河北、河南、安徽；

[2]西北地区：陕西、山西、青海、甘肃、新疆、宁夏、内蒙古西部；

[3]东北地区：黑龙江、吉林、辽宁、内蒙古东部；

[4]西南地区：云南、贵州；

[5]华南地区：广西。

表3　不同养殖畜种全株玉米青贮质量比较

项目	奶牛	肉牛	肉羊	SEM	*P*值
干物质（%）	30.6[a]	27.0[b]	27.2[b]	0.15	<0.01
粗蛋白质（%DM）	8.8[b]	9.0[a]	9.2[a]	0.03	<0.01
30h中性洗涤纤维消化率（%DM）	60.6[a]	59.8[b]	60.2[ab]	0.08	<0.01
淀粉（%DM）	29.5[a]	24.1[b]	24.6[b]	0.25	<0.01
粗脂肪（%DM）	4.2[a]	3.9[b]	3.8[c]	0.01	<0.01
氨（%DM）	0.9[a]	0.9[a]	0.8[b]	0.01	<0.01
乳酸（%DM）	4.6[a]	4.4[b]	4.2[b]	0.03	<0.01
全株玉米青贮质量分级指数CSQS（分）					
2020年	68.9[a]	60.6[b]	61.1[b]	1.44	<0.01
2021年	69.6[a]	61.6[b]	61.9[b]	0.36	<0.01

表4　不同规模奶牛场全株玉米青贮质量比较

项目	500头以下	500～1 000头	1 000～3 000头	3 000～5 000头	5 000头以上	SEM	*P*值
干物质（%）	28.8[b]	31.1[a]	31.0[a]	30.7[a]	31.0[a]	0.17	<0.01
粗蛋白质（%DM）	8.9[a]	8.8[ab]	8.7[ab]	8.9[a]	8.6[b]	0.03	0.02
30h中性洗涤纤维消化率（%DM）	60.1	60.7	60.5	60.9	60.6	0.10	0.14
淀粉（%DM）	27.7[b]	29.8[a]	29.7[a]	29.9[a]	30.7[a]	0.25	<0.01

（续表）

项目	500头以下	500～1 000头	1 000～3 000头	3 000～5 000头	5 000头以上	SEM	*P*值
粗脂肪（%DM）	4.1^{c}	4.2^{bc}	4.3^{a}	4.3^{a}	4.2^{bc}	0.02	<0.01
氨（%DM）	0.9	0.9	1.0	1.0	1.0	0.01	0.49
乳酸（%DM）	4.5^{b}	4.5^{b}	4.7^{b}	4.5^{b}	5.0^{a}	0.04	<0.01
全株玉米青贮质量分级指数CSQS（分）							
2020年	66.8^{a}	68.0^{b}	69.3^{ab}	70.3^{ab}	72.2^{ab}	0.45	0.01
2021年	66.6^{a}	69.9^{b}	69.7^{b}	71.1^{b}	71.6^{b}	0.41	<0.01

（三）呕吐毒素存在超标现象，但处于可控范围

2021年，全株玉米青贮中黄曲霉毒素B_1、玉米赤霉烯酮、伏马毒素（B_1+B_2）、赭曲霉毒素A和T-2毒素均低于国家限量标准，但部分养殖户呕吐毒素出现超标现象，存在潜在的风险，但处于可控范围。跟踪评价样品中，黄曲霉毒素B_1、赭曲霉毒素A和T-2毒素未检出，而玉米赤霉烯酮、呕吐毒素、伏马毒素（B_1+B_2）含量平均值分别为131.4μg/kg、923.9μg/kg、452.4μg/kg（表5），比2020年分别升高58.7%、45.1%和344.8%（图2）。主要原因：一是田间收获前受到了霉菌毒素污染；二是青贮加工过程中，原料收获过早或延迟、装填过程缓慢、压实度或密封不足等因素为霉菌毒素产生创造有利条件；三是青贮取用管理过程中，青贮窖（裹包）因覆膜被破坏导致雨水、氧气渗入以及取用不规范造成霉菌毒素滋生。

表5　2021年全株玉米青贮霉菌毒素检测情况

项目	平均值（μg/kg）	最大值（μg/kg）	最小值（μg/kg）	检测限（μg/kg）	检出率（%）	国家限量标准[1]（μg/kg）	超标率（%）
黄曲霉毒素B_1	0	0	0	2.3	0	30.0	0
玉米赤霉烯酮	131.4	2 964.9	0	59.1	65.5	1 000.0	0
呕吐毒素	923.9	13 957.2	0	740.0	33.5	5 000.0	2.0
伏马毒素（B_1+B_2）	452.4	13 207.5	0	100.0	57.0	60 000.0	0

（续表）

项目	平均值（μg/kg）	最大值（μg/kg）	最小值（μg/kg）	检测限（μg/kg）	检出率（%）	国家限量标准[1]（μg/kg）	超标率（%）
赭曲霉毒素A	0	0	0	5.0	0	100.0	0
T-2毒素	0	0	0	5.0	0	500.0	0

注：[1]国家限量标准：参照GB 13078—2017饲料卫生标准。表中平均值、最大值、最小值数据为0表示未检出，下同。

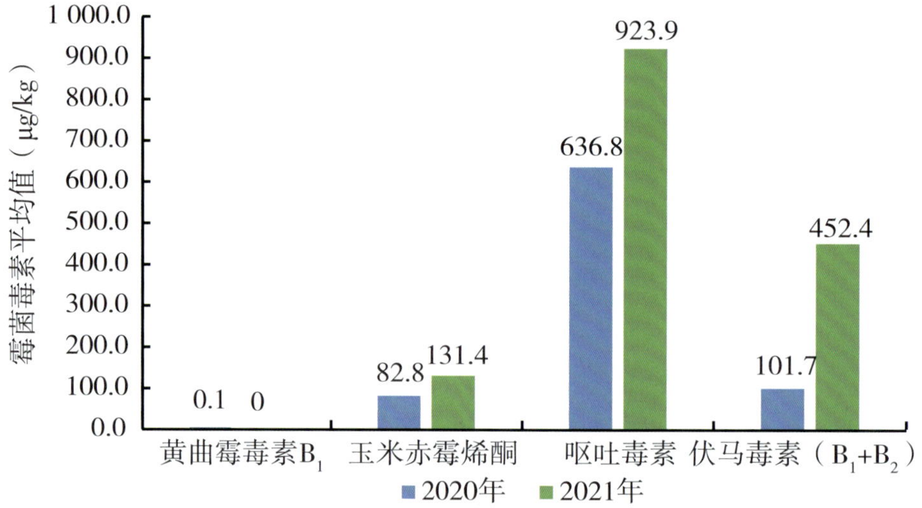

图2　2020—2021年全株玉米青贮霉菌毒素含量变化情况

二、主要问题

随着粮改饲GEAF计划实施，粮改饲区域全株玉米青贮质量有了很大的提升，但仍存在如下问题。

（一）缺乏青贮饲料质量定价体系

缺乏规范的青贮饲料质量定价体系，出现了种植户重视收贮“量”而轻“质量”，养殖户难以做到青贮饲料优质优价的现象，青贮饲料品质很难保证。

（二）青贮制作仍不规范

很多牧场在种、收、贮、用等技术环节仍存在很多问题，如品种选择不合理、收获时机把握不准、切割长度和留茬高度不合理、压实密度不充分等，造成质量参差不齐，利用效率不高，特别是肉牛场、羊场这一问题尤为突出。

（三）技术支撑服务仍旧不足

目前大中型规模化牧场在青贮制作过程中技术水平较高，能够系统掌握青贮制作要点，兼顾各个制作环节，且青贮品质比较稳定。小规模牧场及养殖户青贮制作缺乏专业技术人员，无法准确把握收获时期，青贮制作不规范，青贮质量也难以保证。

三、建议

（一）构建青贮质量定价体系

构建以CSQS为基础的质量定价体系，既解决青贮饲料“鱼龙混杂”“以次充好”的问题，又能做到以质论价、优质优价，保证养殖企业与专业种植公司（合作社）之间的合理利益分配，实现种养结合健康发展。

（二）加大推广粮改饲GEAF计划技术规范

粮改饲项目技术服务团队与各省区技术推广单位和相关技术企业通力合作，开展区域性技术指导、技术培训、技术服务。一是继续在各省区建立示范基地，开展青贮技术培训、技术示范及推广，以点带面，辐射推广；二是举办GEAF大赛及区域性评鉴活动，推动青贮品质升级。

（三）加强针对性技术培训

针对不同规模、不同水平、不同区域牧场的实际问题，开展针对性培训，重点围绕收获时期把握、加工调制、质量评价、贮后管理等技术环节，提高一线技术人员技术能力。同时，摸索出适宜当地的青贮生产模式，提升区域全株玉米青贮质量水平。

（四）成立粗饲料专业委员会

为促进青贮饲料的规范化管理，推进青贮饲料专业化生产，充分发挥生产、管理、科研、教学、推广等方面专家的作用，加强各方面交流与合作，成立粗饲料专业委员会，推动青贮饲料品种、添加剂、收贮加工设备等相关产业高质量发展。

Contents 目　录

一、中国草食动物养殖现状

我国牛羊养殖规模化程度和畜产品产量稳步提高，有力促进了青贮饲料发展。农业农村部奶站监测数据和《中国畜牧兽医统计2020》数据表明，2020年，牛羊等畜产品产量和养殖规模比重持续提高，牛奶、牛肉和羊肉产量分别达到3 440.1万t、672.4万t和492.3万t；奶牛存栏100头以上规模养殖比重为67.0%，同比提高3.0个百分点；肉牛出栏量50头以上的规模养殖比重为29.6%，同比提高2.2个百分点；肉羊出栏量100只以上的规模养殖比重为43.1%，同比提高2.4个百分点。全株玉米青贮作为牛羊等草食动物重要的粗饲料来源，随着养殖规模化比重和管理精细化程度的提高，对于优质青贮饲料的需求持续增加。

（一）奶牛

奶牛存栏由降转增，生鲜乳产量大幅增长。据农业农村部奶站监测，2020年，荷斯坦奶牛存栏量为506.0万头，同比增长9.8%；奶牛存栏100头以上规模化养殖比重为67.0%，同比提高3.0个百分点（图1–1）；牛奶产量达到3 440.1万t，同比增长7.5%；全国荷斯坦奶牛单产水平逐年提高，平均单产达8.3t，同比增长3.8%（图1–2）。

图1-1　2017—2020年全国荷斯坦奶牛存栏量和规模化养殖比重变化情况

（数据来源：《2020年畜牧业发展形势及2021年展望报告》，农业农村部畜牧兽医局和全国畜牧总站，2021）

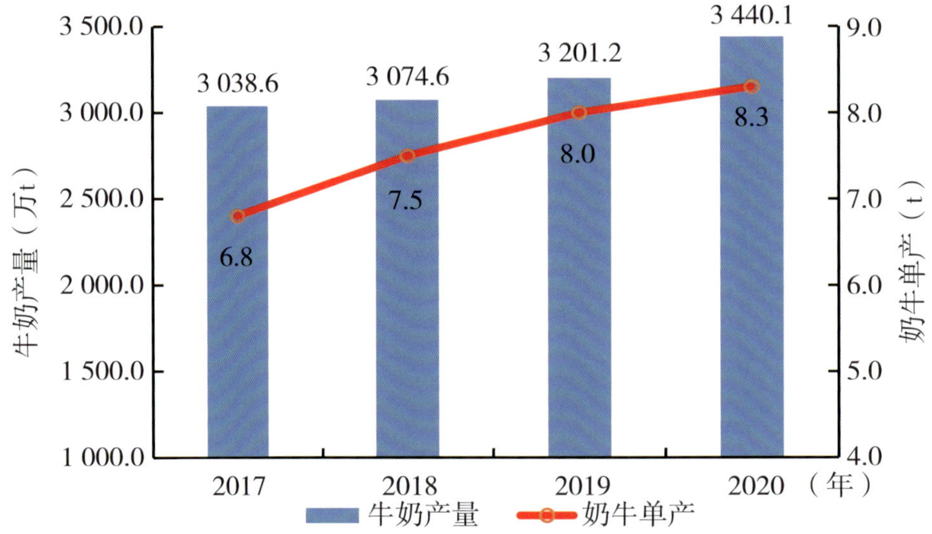

图1-2　2017—2020年全国牛奶产量和荷斯坦奶牛单产变化情况

（数据来源：《2020年畜牧业发展形势及2021年展望报告》，农业农村部畜牧兽医局和全国畜牧总站，2021）

（二）肉牛

肉牛规模化程度大幅提升，牛肉产量连年上升。2020年，全国肉牛存栏量为7 685.1万头，同比提高9.8%，出栏量50头以上的规模化养殖比重为29.6%，同比提高2.2个百分点（图1-3）；肉牛2020年末出栏量为4 565.5万头，同比提高0.7%，牛肉产量为672.4万t，同比增长0.8%（图1-4）。

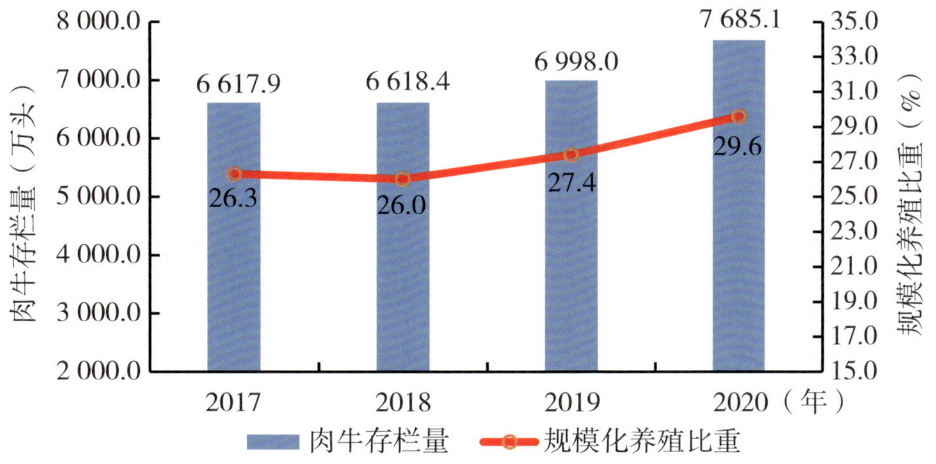

图1-3　2017—2020年全国肉牛存栏量和规模化养殖比重变化情况

（数据来源：《中国畜牧兽医统计2020》，农业农村部畜牧兽医局和全国畜牧总站，2021）

图1-4　2017—2020年全国肉牛年末出栏量和牛肉产量变化情况

（数据来源：《中国畜牧兽医统计2020》，农业农村部畜牧兽医局和全国畜牧总站，2021）

（三）羊

羊存栏量逐步增加，羊肉产量稳步增长。2020年，全国羊存栏量为30 654.8万只，同比提高1.9%；出栏量100只以上的规模化养殖比重为43.1%，同比提高2.4个百分点，比2017年提高4.4个百分点（图1-5）；羊2020年末出栏量为31 941.3万只，同比提高0.8%，羊肉产量为492.3万t，同比增长1.0%（图1-6）。

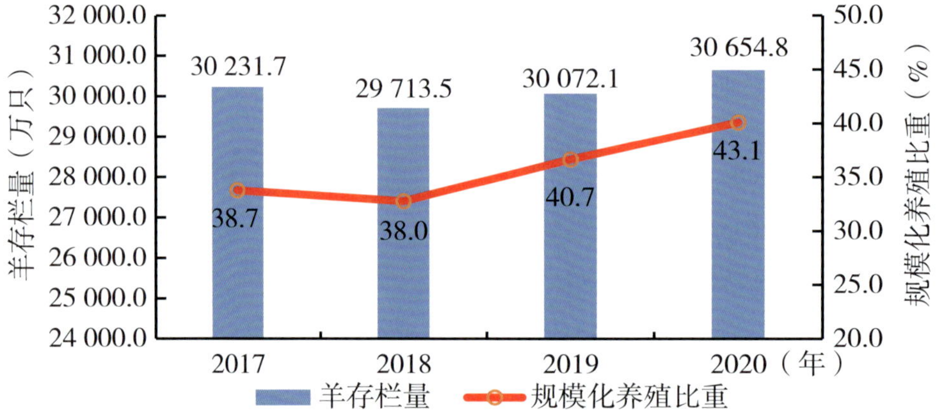

图1-5　2017—2020年全国羊存栏量和规模化养殖比重变化情况

（数据来源：《中国畜牧兽医统计2020》，
农业农村部畜牧兽医局和全国畜牧总站，2021）

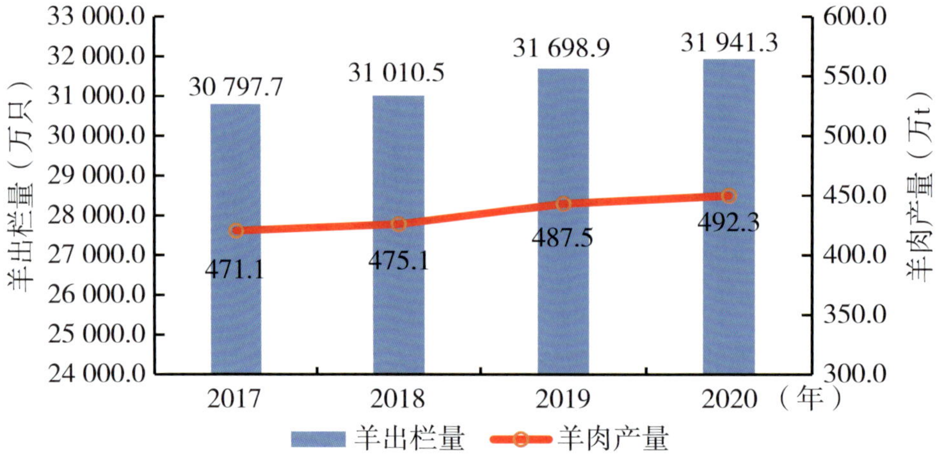

图1-6　2017—2020年全国羊年末出栏量和羊肉产量变化情况

（数据来源：《中国畜牧兽医统计2020》，
农业农村部畜牧兽医局和全国畜牧总站，2021）

二、全株玉米青贮种植现状

（一）玉米种植概况

粮改饲区域全株玉米青贮种植面积大幅增加。2020年，我国玉米种植面积为61 890.0万亩[①]，同比减少0.1%，比2017年减少2.7%；粮改饲区域全株玉米青贮收贮面积1 939万亩，同比增加27.5%（图2-1）；全国玉米产量26 067.0万t，保持稳定，但比2017年增加0.6%（图2-2）。

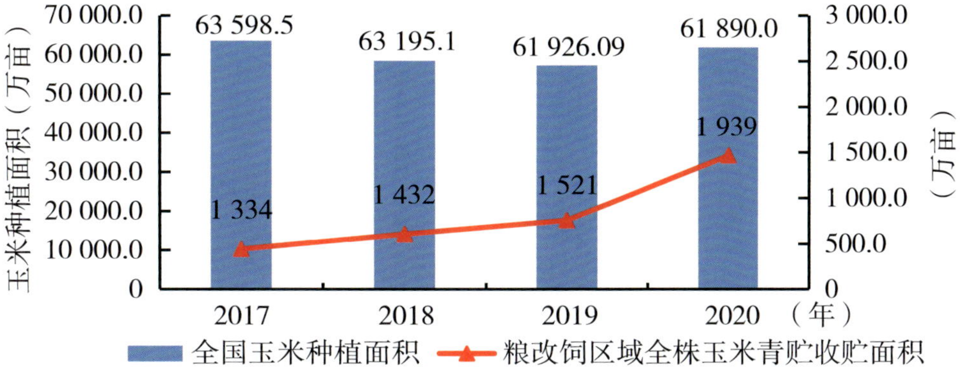

图2-1　2017—2020年全国玉米和粮改饲区域全株玉米青贮收贮情况

（数据来源：国家统计局）

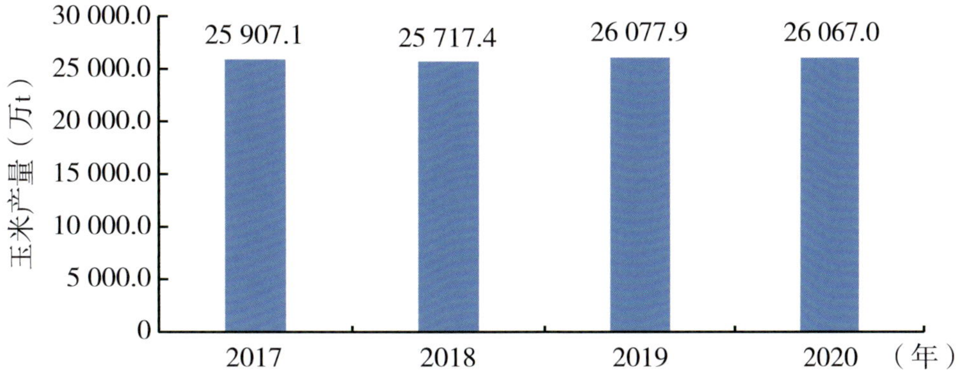

图2-2　2017—2020年全国玉米产量情况

（数据来源：国家统计局）

①1亩≈667m^2，全书同。

（二）粮改饲区域全株玉米青贮收贮概况

自2015年粮改饲项目实施以来，粮改饲区域全株玉米青贮收贮面积和收贮量逐年增加。2020年，粮改饲区域全株玉米青贮收贮量为5 272万t，同比增加26.4%（图2-3）；收贮面积为1 939万亩，同比增加27.5%。

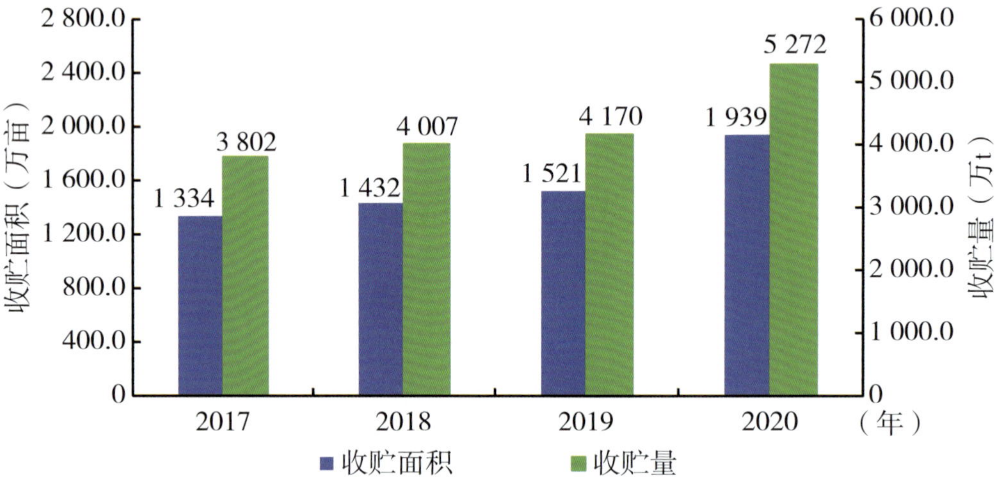

图2-3　2017—2020年粮改饲区域全株玉米青贮收贮情况①

（数据来源：全国畜牧总站）

①粮改饲区域全株玉米青贮收贮面积和收贮量根据《中国畜牧兽医年鉴》进行了修正。

三、全株玉米青贮质量现状

（一）全株玉米青贮质量总体概况

1. 全株玉米青贮质量总体状况

2021年，全株玉米青贮质量总体达到良好水平。随着粮改饲—优质青贮行动计划（GEAF计划）实施，粮改饲区域全株玉米青贮质量稳步提升，2021年全株玉米青贮质量分级指数（CSQS）平均值为65.8分（表3–1），我国粮改饲区域全株玉米青贮质量达到良好及以上水平的牧场占91.3%，其中优级水平达22.4%，同比提高4.9个百分点。从评价结果看，我国养殖企业之间全株玉米青贮质量差异较大，说明我国全株玉米青贮在种植、收割、调制和贮存等技术环节需要进一步改善和提升。

表3–1　2021年全株玉米青贮质量总体状况

项目	全国平均值	最小值	最大值
营养指标			
DM（%）	29.0±4.5	17.3	49.6
CP（%DM）	8.9±0.8	6.4	11.6
NDF（%DM）	39.9±5.7	26.2	68.5
30h NDFD（%NDF）	60.3±2.4	50.9	70.1
ADF（%DM）	24.6±3.9	15.1	44.6
淀粉（%DM）	27.0±7.3	5.0	42.4
粗脂肪（%DM）	4.1±0.4	2.3	6.4
Ash（%DM）	6.6±0.9	4.5	10.4

（续表）

项目	全国平均值	最小值	最大值
发酵指标			
pH值	3.9±0.2	3.3	4.6
氨（%DM）	0.9±0.2	0.2	1.3
乳酸（%DM）	4.5±0.9	1.5	7.4
乙酸（%DM）	2.6±0.7	0.5	5.5
乳酸乙酸比	1.9±0.9	0.4	11.8
能量指标			
泌乳净能（Mcal/kg）	1.5±0.1	1.0	1.8
维持净能（Mcal/kg）	1.7±0.1	1.0	1.9
增重净能（Mcal/kg）	1.1±0.1	0.5	1.3
全株玉米青贮质量分级指数			
CSQS（分）[1]	65.8±10.6	15.3	86.3

注：[1]全株玉米青贮质量分级指数（CSQS），由中国农业科学院北京畜牧兽医研究所制定，CSQS（0～100）=（CSQI–0.09）／0.84×100；CSQI为全株玉米青贮质量指数，CSQI $=\sum(Wi\times Si)$。其中，*Si*表示以营养指标（干物质、粗蛋白质、淀粉、粗脂肪、30h中性洗涤纤维消化率）和发酵指标（氨和乳酸）的测定含量，*Wi*为各个指标的权重。CSQS分级为：优秀，>75.0分；良好，51.0～75.0分；中等，26.0～50.9分；差，<26.0分。1 Mcal＝4.184 MJ，全书同。

2. 全株玉米青贮质量指标分布情况

（1）干物质

干物质（DM）是决定全株玉米青贮质量好坏的重要指标，直接影响产量、营养价值和消化率。CSQS中DM含量的推荐值为30%～35%，全国全株玉米青贮DM含量平均值为29.0%。33.2%的样品DM含量介于30.0%～35.0%；4.2%样品的DM含量高于35.0%；62.6%样品的DM含量低于30.0%，其中有21.7%的样品低于25.0%（图3–1）。

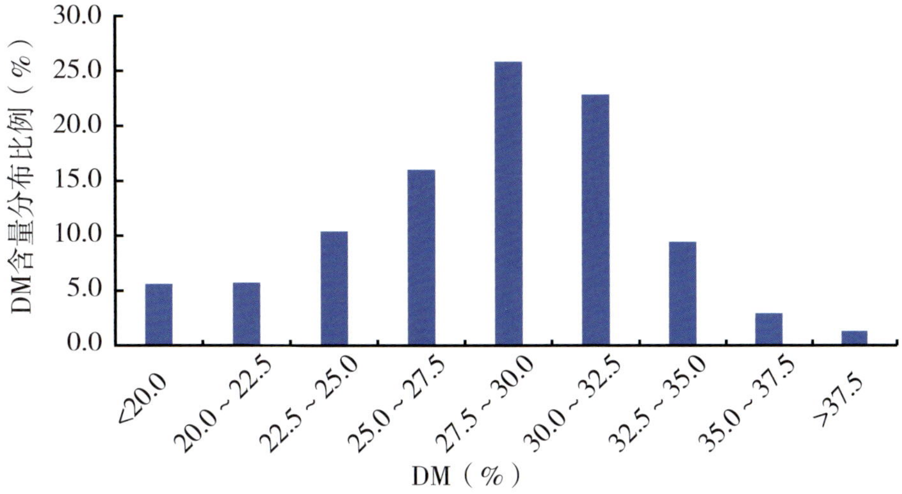

图3-1　全株玉米青贮干物质含量分布情况

（2）粗蛋白质

粗蛋白质（CP）是决定全株玉米青贮饲用价值的重要基础。CSQS中CP含量的推荐值为≥7.0%，全国全株玉米青贮CP含量平均值为8.9%。89.9%的样品CP含量高于8.0%，其中，38.9%的样品CP含量高于9.0%；但有10.1%的样品CP含量低于8.0%，其中0.6%的样品CP含量低于7.0%（图3-2）。

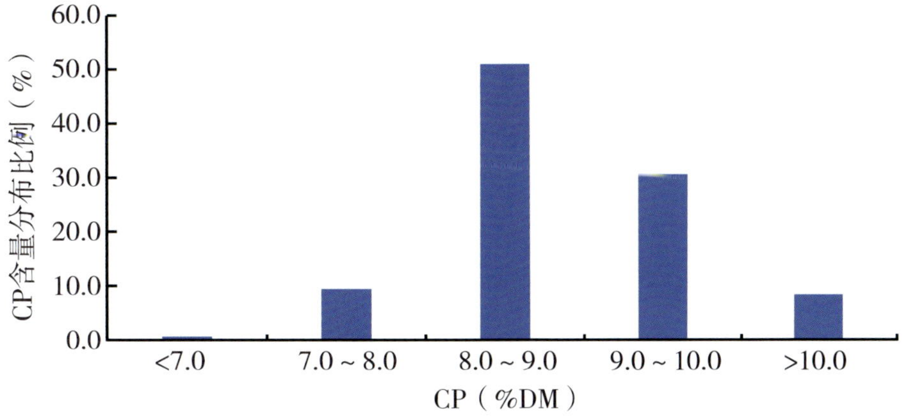

图3-2　全株玉米青贮粗蛋白质含量分布情况

（3）淀粉

淀粉为动物机体提供易于消化吸收的能量，其含量越高，全株玉米青贮营养价值也就越高。CSQS中淀粉含量的推荐值为≥29.0%，全国全株玉米青贮淀粉含量平均值为27.0%。48.2%的样品淀粉含量高于29.0%，其中13.6%

的样品淀粉含量高于34.0%；但有51.8%的样品淀粉含量低于29.0%，其中14.8%的样品淀粉含量低于19.0%（图3-3）。

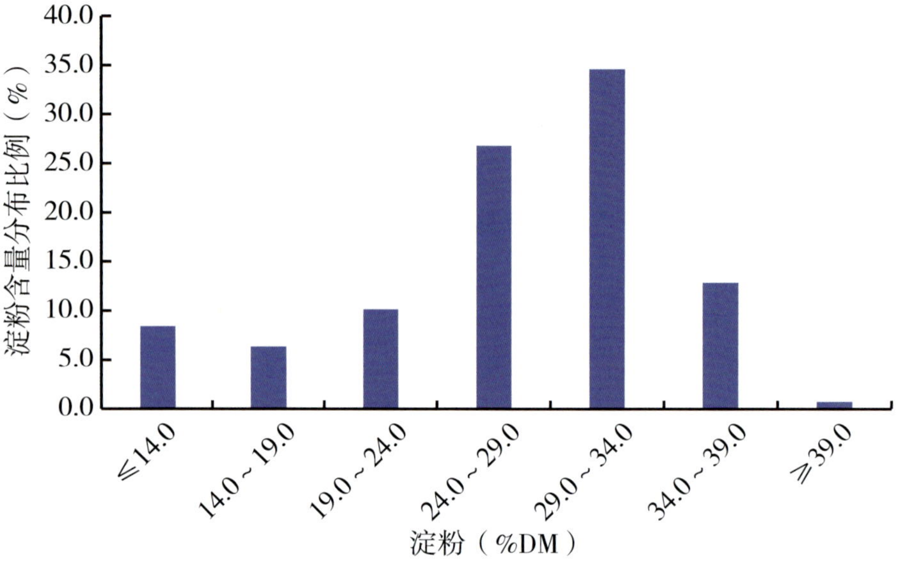

图3-3　全株玉米青贮淀粉含量分布情况

（4）粗脂肪

粗脂肪（EE）是为动物机体提供能量的主要物质。CSQS中EE含量的推荐值为≥3.0%，全国全株玉米青贮EE含量平均值为4.1%。59.1%的样品EE含量高于4.0%，其中0.4%的样品EE含量高于5.0%；但有40.9%的样品EE含量低于4.0%，其中1.5%的样品EE含量低于3.0%（图3-4）。

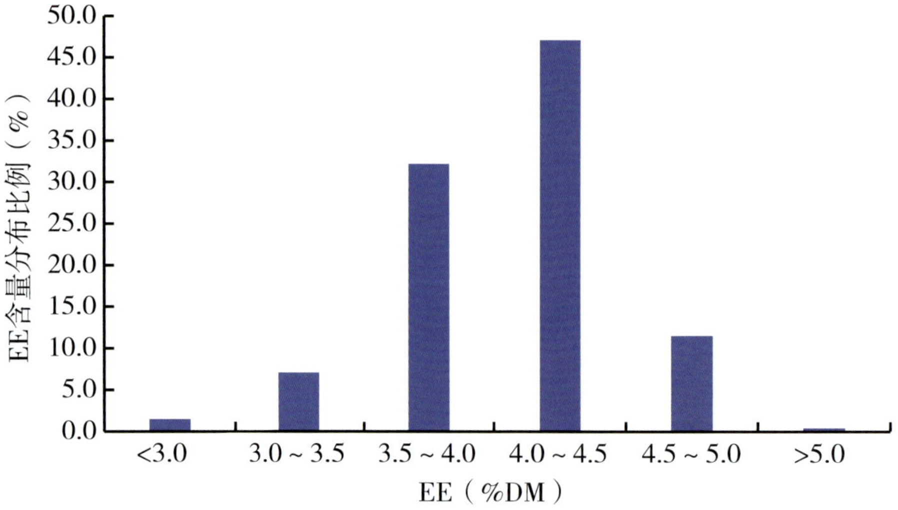

图3-4　全株玉米青贮粗脂肪含量分布情况

（5）30h中性洗涤纤维消化率

30h中性洗涤纤维消化率（30h NDFD）是反映全株玉米青贮中纤维质量好坏的有效指标，也影响动物采食量和生产性能。CSQS中30h NDFD的推荐值为≥52.0%，全国全株玉米青贮30h NDFD平均值为60.3%。83.1%的样品30h NDFD高于58.0%，其中6.1%的样品30h NDFD高于64.0%；但有16.9%的样品30h NDFD低于58.0%，其中1.6%的样品30h NDFD低于55.0%（图3-5）。

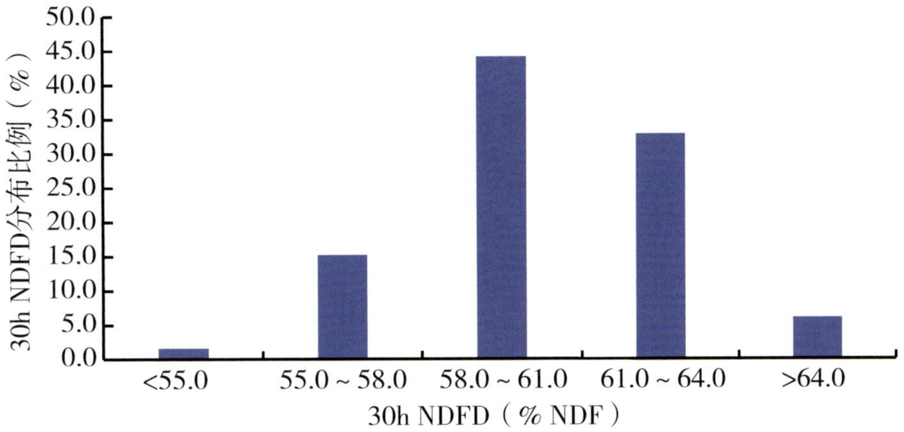

图3-5 全株玉米青贮30h中性洗涤纤维消化率分布情况

（6）氨

氨含量反映了全株玉米青贮中蛋白质及氨基酸的分解状况。CSQS氨含量的推荐值为≤0.9%，全国全株玉米青贮氨含量平均值为0.9%。4.3%的样品氨含量低于0.6%；但有95.7%的样品氨含量高于0.6%，其中54.7%的样品氨含量高于0.9%（图3-6）。

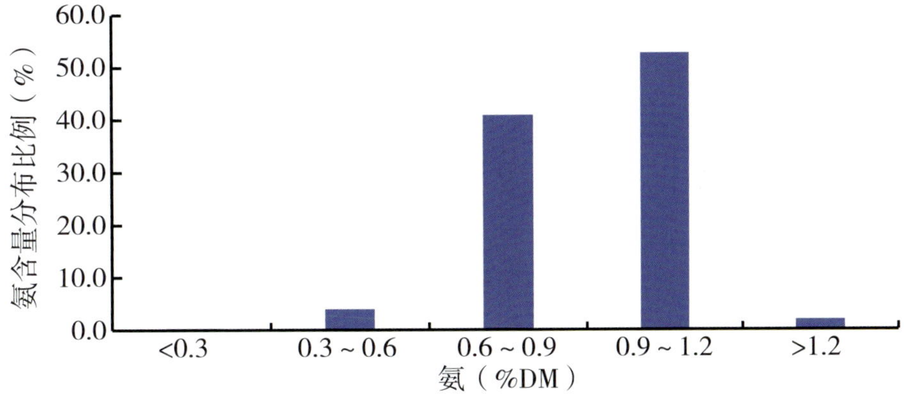

图3-6 全株玉米青贮氨含量分布情况

（7）乳酸

乳酸含量反映了全株玉米青贮中乳酸菌活动的状况，是评价青贮发酵质量好坏的关键指标。CSQS中乳酸含量推荐值为≥4.0%，全国全株玉米青贮乳酸含量平均值为4.5%。27.5%的样品乳酸含量高于5.0%；72.5%的样品乳酸含量低于5.0%，其中6.6%的样品乳酸含量低于3.0%（图3–7）。

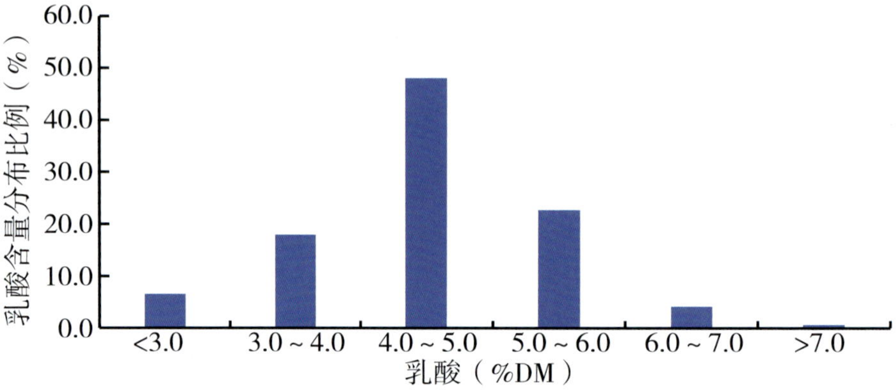

图3–7　全株玉米青贮乳酸含量分布情况

（8）中性洗涤纤维

中性洗涤纤维（NDF）含量越低，青贮品质越好。全国全株玉米青贮NDF含量平均值为39.9%。83.4%的样品NDF含量低于45.0%；但有16.6%的样品NDF含量高于45.0%，其中6.9%的样品NDF含量高于50.0%（图3–8）。

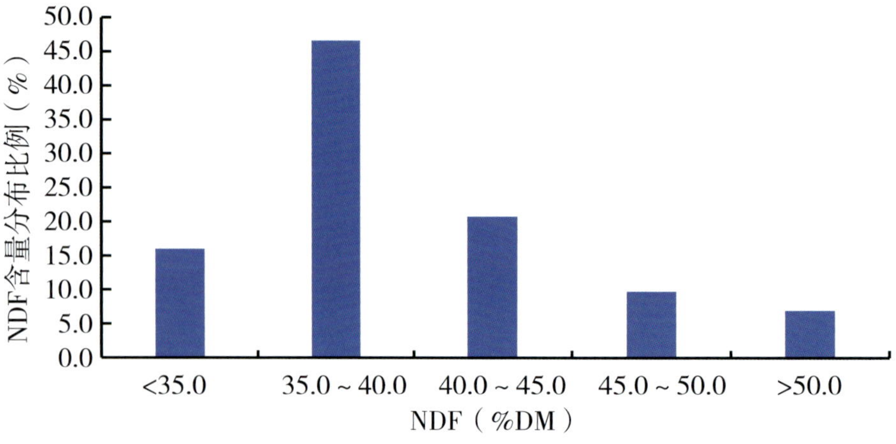

图3–8　全株玉米青贮中性洗涤纤维含量分布情况

（9）灰分

灰分（Ash）可用来反映全株玉米青贮受污染的程度。全国全株玉米青贮Ash含量平均值为6.6%。26.3%的样品Ash含量低于6.0%，其中0.8%的样品Ash含量低于5.0%；但有73.7%的样品Ash含量高于6.0%，其中7.9%的样品Ash含量高于8.0%（图3–9）。

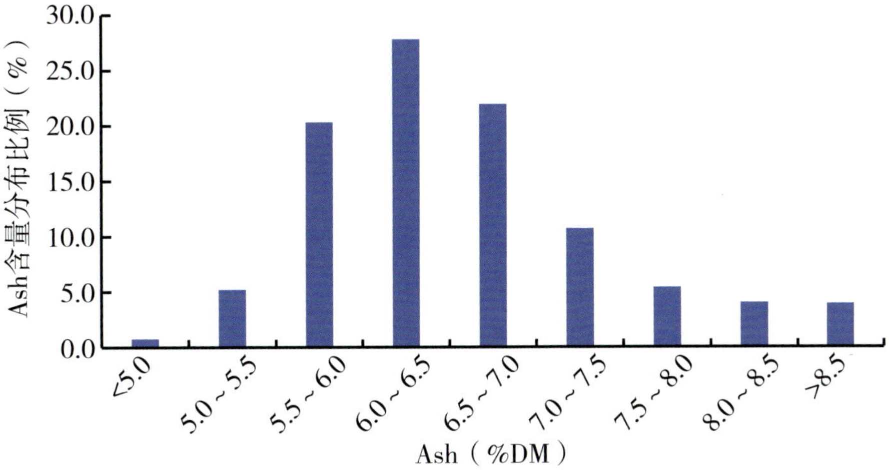

图3–9　全株玉米青贮灰分含量分布情况

（10）pH值

全国全株玉米青贮pH平均值为3.9。77.3%的样品pH值低于4.0；但有22.7%的样品pH值高于4.0，其中0.6%的样品pH值高于4.4（图3–10）。

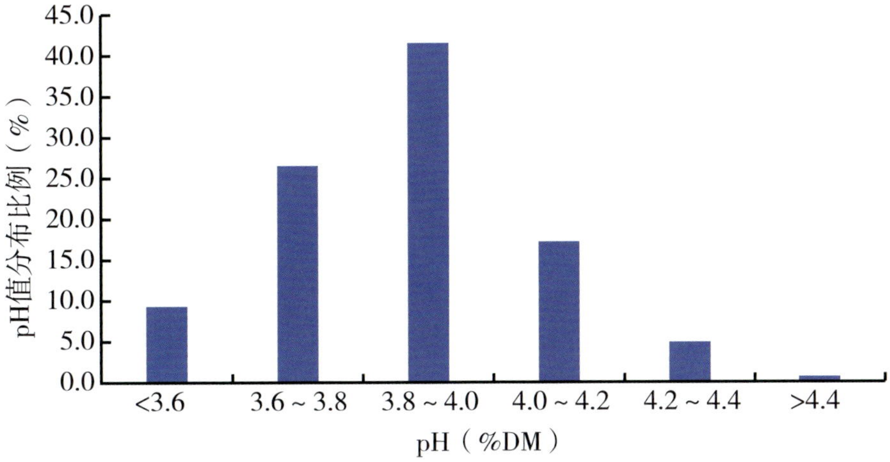

图3–10　全株玉米青贮pH值分布情况

（11）乙酸

乙酸可以快速降低全株玉米青贮的pH值，提高其有氧稳定性，但乙酸过高会降低青贮的品质。全国全株玉米青贮乙酸含量平均值为2.6%。23.7%的样品乙酸含量低于1.6%；但有76.3%的样品乙酸含量高于1.6%，其中40.8%的样品乙酸含量高于2.8%（图3-11）。

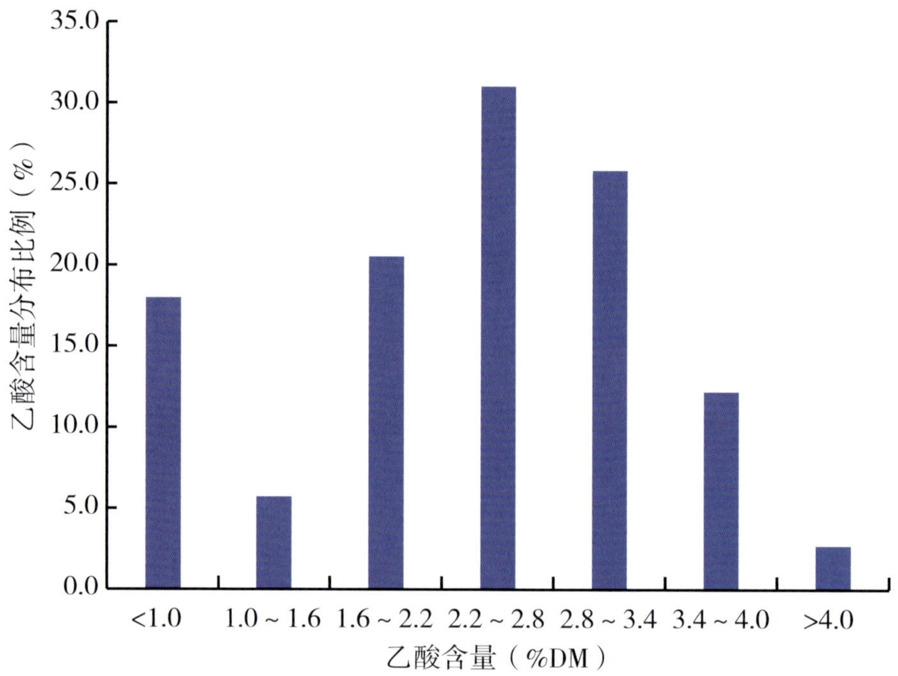

图3-11　全株玉米青贮乙酸含量分布情况

3. 2020—2021年全株玉米青贮质量对比状况

粮改饲区域全株玉米青贮质量小幅提升。2021年，我国全株玉米青贮质量整体状况有所提升，较2020年提高了1.4%。从营养指标看，CP含量、EE显著提高，分别提高了3.5%和1.0%；NDF、ADF、氨含量分别降低了5.9%、6.8%和3.2%（表3-2），说明我国全株玉米青贮营养品质明显提升。从发酵指标看，我国乳酸含量显著降低，乙酸含量显著提高，说明我国很多青贮制作技术仍存在不足，需要进一步加强青贮规范体系的培训。

表3-2　2020—2021年中国全株玉米青贮质量状况

项目	2020年	2021年	SEM	*P*值
营养指标				
DM（%）	29.3	29.0	0.11	0.34
CP（%DM）	8.6	8.9	0.02	<0.01
NDF（%DM）	42.4	39.9	0.16	<0.01
30h NDFD（%DM）	61.0	60.3	0.09	<0.01
ADF（%DM）	26.4	24.6	0.11	<0.01
淀粉（%DM）	28.6	27.0	0.15	<0.01
EE（%DM）	4.08	4.12	0.01	<0.01
Ash（%DM）	6.0	6.6	0.03	0.20
发酵指标				
pH值	3.8	3.9	0.01	<0.01
氨（%DM）	0.94	0.91	0.01	<0.01
乳酸（%DM）	4.6	4.5	0.03	<0.01
乙酸（%DM）	2.1	2.6	0.02	<0.01
能量指标				
泌乳净能（Mcal/kg）	1.47	1.52	0.00	0.06
维持净能（Mcal/kg）	1.71	1.68	0.00	0.01
增重净能（Mcal/kg）	1.10	1.07	0.00	0.01
全株玉米青贮质量分级指数				
CSQS（分）	64.9	65.8	0.25	0.35

4. 不同干物质含量全株玉米青贮质量指标变化状况

全株玉米青贮质量与DM含量密切相关。从评价指标看，随着DM含量增加，CP逐渐降低，总酸、淀粉含量逐渐增加，乳酸含量先升高后降低（图3-12、图3-13）。从CSQS评价结果看，当DM在35.0%～37.5%时，全株玉米青贮质量状况最理想，CSQS最高，达到72.7分（图3-14）。

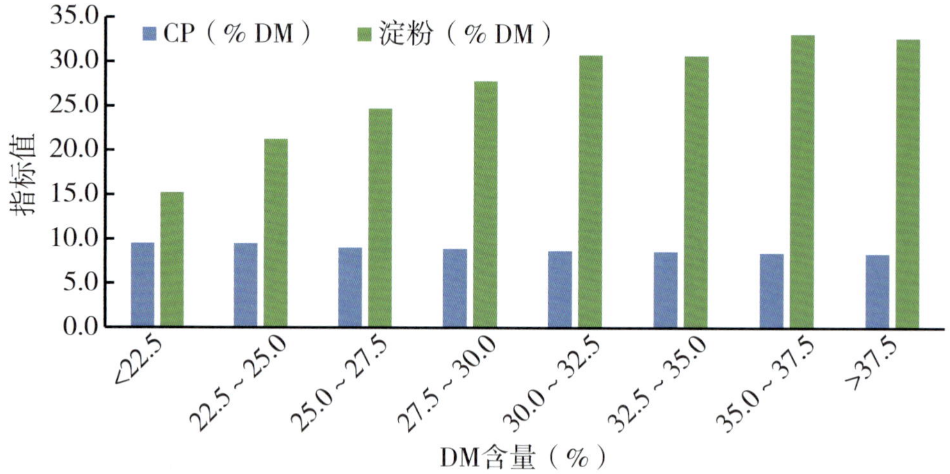

图3-12　不同干物质含量全株玉米青贮粗蛋白质、淀粉变化情况

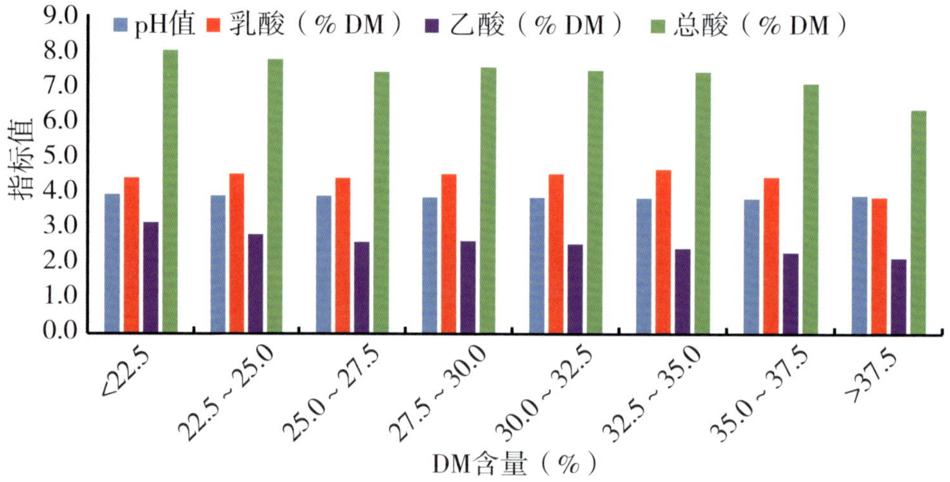

图3-13　不同干物质含量全株玉米青贮pH值、乳酸、乙酸、总酸变化情况

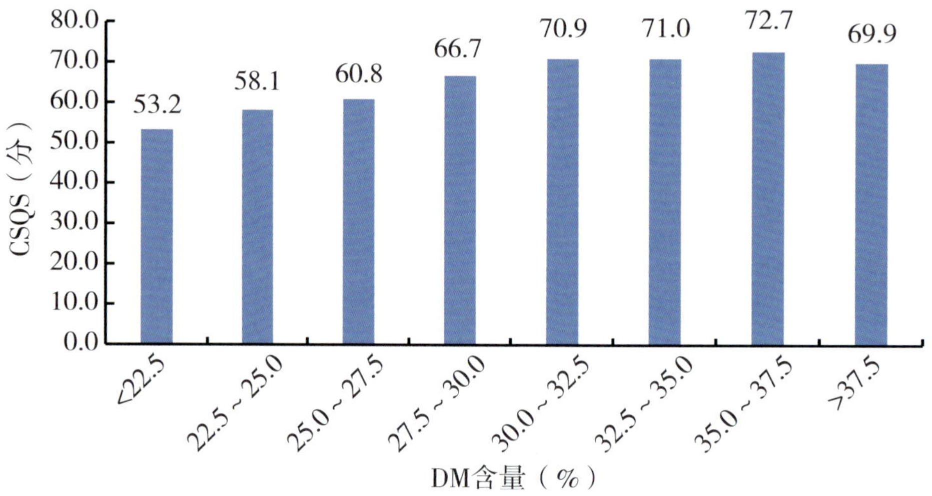

图3-14　不同干物质含量CSQS变化情况

（二）不同种植区域全株玉米青贮质量状况

2020—2021年CSQS评价结果表明，各区域全株玉米青贮质量有所提高，且黄淮海地区、西北地区、东北地区等奶业主产区的全株玉米青贮质量明显高于其他地区。从不同种植区域看，受气候地理环境、土地种植条件和收获加工生产技术成熟度等条件制约，奶业主产区全株玉米青贮质量显著高于华南地区和西南地区。从评价指标看，黄淮海地区、西北地区、东北地区等奶业主产区全株玉米青贮中DM、淀粉、EE、乳酸含量显著高于西南地区和华南地区，NDF、ADF、Ash、pH值显著低于西南地区和华南地区。由于西南地区和华南地区地形复杂，养殖规模化程度和青贮调制水平差，且收获时对含水量控制水平差和进口收割机械使用率低，全株玉米青贮质量明显偏低。不同种植区域玉米青贮质量由高到低依次是黄淮海地区（69.4分）、西北地区（65.5分）、东北地区（62.7分）、华南地区（57.7分）、西南地区（52.9分）（表3–3）。

表3–3　不同种植区域全株玉米青贮质量比较

项目	黄淮海地区[1]	西北地区[2]	东北地区[3]	西南地区[4]	华南地区[5]	SEM	*P*值
营养指标							
DM（%）	30.6^{a}	28.1^{bc}	29.5^{ab}	25.9^{d}	27.2^{cd}	0.15	<0.01
CP（%DM）	8.8^{b}	8.9^{b}	8.7^{b}	9.4^{a}	9.6^{a}	0.02	<0.01
NDF（%DM）	37.7^{d}	40.6^{c}	40.8^{c}	44.2^{b}	47.9^{a}	0.18	<0.01
30h NDFD（%DM）	60.7^{ab}	60.2^{abc}	59.8^{bc}	59.3^{c}	61.0^{a}	0.08	<0.01
ADF（%DM）	23.3^{d}	25.0^{c}	25.2^{c}	27.2^{b}	29.0^{a}	0.13	<0.01
淀粉（%DM）	29.3^{a}	26.5^{a}	26.6^{a}	21.7^{b}	15.0^{c}	0.24	<0.01
EE（%DM）	4.2^{a}	4.1^{ab}	4.0^{bc}	3.8^{c}	3.5^{d}	0.01	<0.01
Ash（%DM）	6.4^{c}	6.5^{c}	6.7^{bc}	7.1^{b}	7.6^{a}	0.03	<0.01

（续表）

项目	黄淮海地区[1]	西北地区[2]	东北地区[3]	西南地区[4]	华南地区[5]	SEM	*P*值
发酵指标							
pH值	3.9[b]	3.8[c]	3.9[b]	4.0[ab]	4.1[a]	0.01	<0.01
氨（%DM）	0.94[a]	0.89[ab]	0.86[b]	0.92[ab]	0.89[ab]	0.01	<0.01
乳酸（%DM）	4.6[a]	4.5[a]	4.3[ab]	4.1[b]	3.6[c]	0.03	<0.01
乙酸（%DM）	2.6[ab]	2.7[a]	2.3[b]	2.7[a]	2.8[a]	0.02	<0.01
乳酸乙酸比	1.9[a]	1.9[a]	2.1[a]	1.7[ab]	1.4[b]	0.03	0.02
能量指标							
泌乳净能（Mcal/kg）	1.6[a]	1.5[b]	1.5[b]	1.4[c]	1.4[c]	0.00	<0.01
维持净能（Mcal/kg）	1.7[a]	1.7[a]	1.7[a]	1.6[b]	1.6[b]	0.00	<0.01
增重净能（Mcal/kg）	1.1[a]	1.1[a]	1.1[a]	1.0[b]	1.0[b]	0.00	<0.01
全株玉米青贮质量分级指数CSQS（分）							
2020年	68.4[a]	64.1[abc]	61.9[bc]	58.2[c]	49.2[d]	0.38	<0.01
2021年	69.4[a]	65.5[ab]	62.7[b]	57.7[c]	52.9[d]	0.34	<0.01

注：同行数据肩标相同字母表示差异不显著，不同字母表示差异显著，下同。

[1]黄淮海地区：山东、河北、河南、安徽；

[2]西北地区：陕西、山西、青海、甘肃、新疆、宁夏、内蒙古西部；

[3]东北地区：黑龙江、吉林、辽宁、内蒙古东部；

[4]西南地区：云南、贵州；

[5]华南地区：广西。

（三）不同省区全株玉米青贮质量状况

全国全株玉米青贮平均质量状况达到良好水平（图3-15），但各地区之间全株玉米青贮质量差异较为明显（图3-16），其中河北（72.1分）、陕西（71.4分）、山东（70.1分）、宁夏（67.8分）、河南（67.3分）、内蒙古（66.9分）6省区全株玉米青贮质量状况超过全国平均水平（65.8分）。

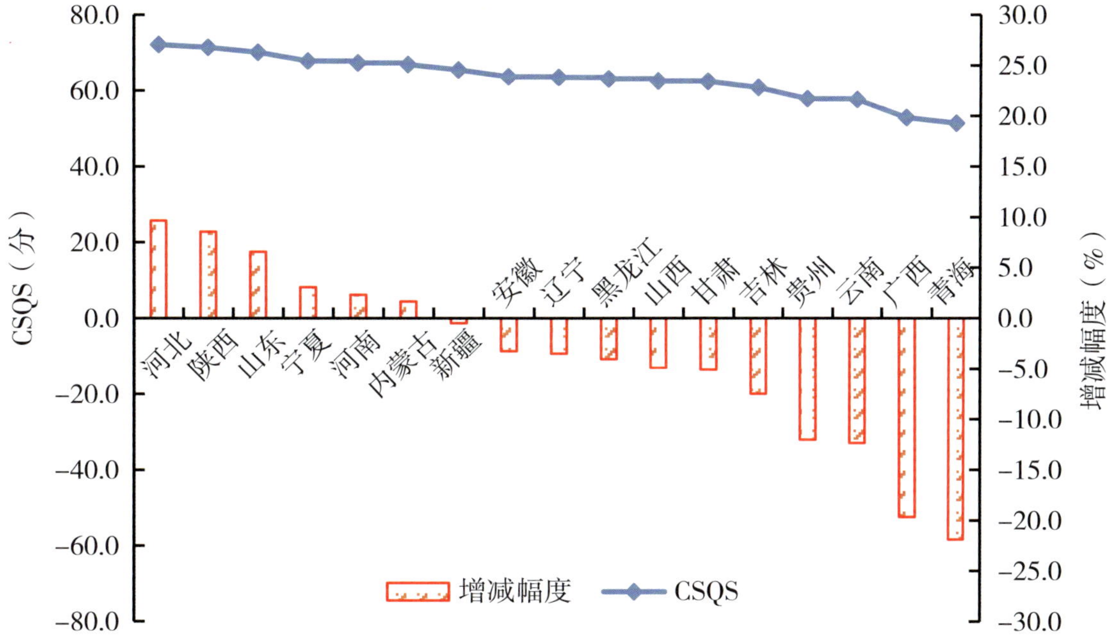

图3-15　不同省区全株玉米青贮CSQS与全国平均水平比较

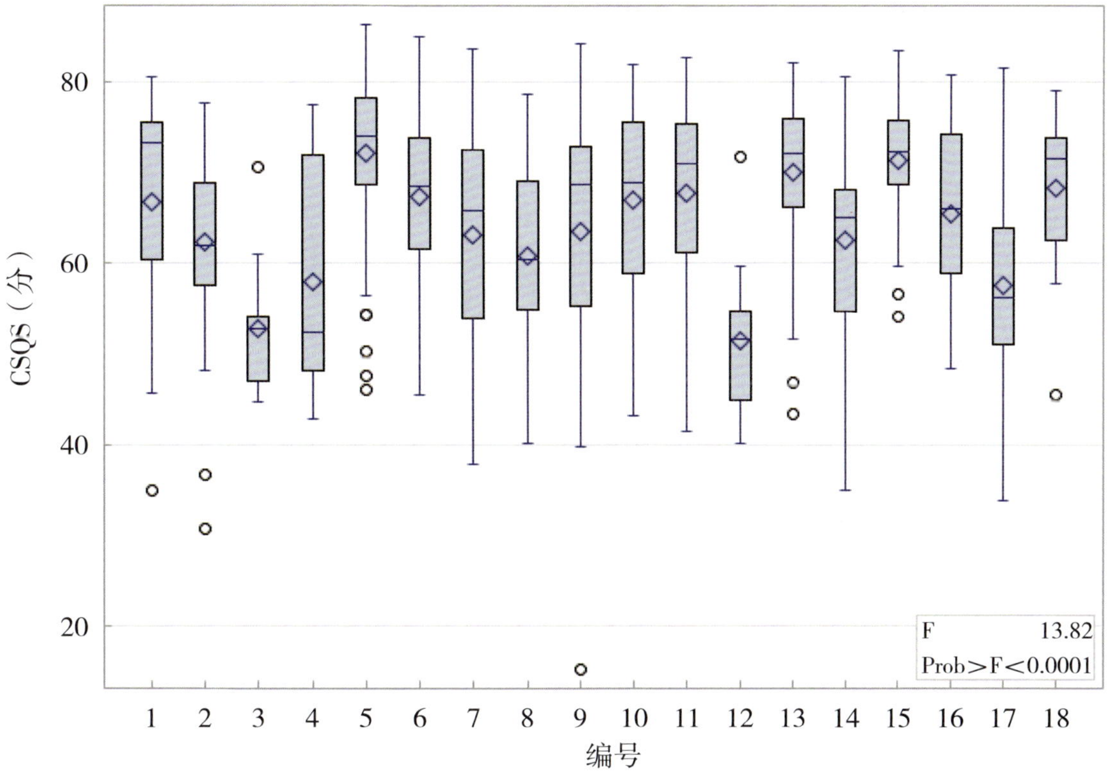

图3-16　不同省区全株玉米青贮CSQS差异情况

注：1. 安徽；2. 甘肃；3. 广西；4. 贵州；5. 河北；6. 河南；7. 黑龙江；8. 吉林；9. 辽宁；10. 内蒙古；11. 宁夏；12. 青海；13. 山东；14. 山西；15. 陕西；16. 新疆；17. 云南；18. 天津（非粮改饲实施地区），下同。

1. 干物质

全株玉米青贮DM含量平均值为29.0%，各省区全株玉米青贮中DM含量差异明显（图3-17）。辽宁、河北、山东、河南、黑龙江、陕西、宁夏7省区DM含量高于全国平均水平，分别高出9.3%、8.1%、7.2%、1.9%、1.8%、1.4%、0.2%（图3-18）。

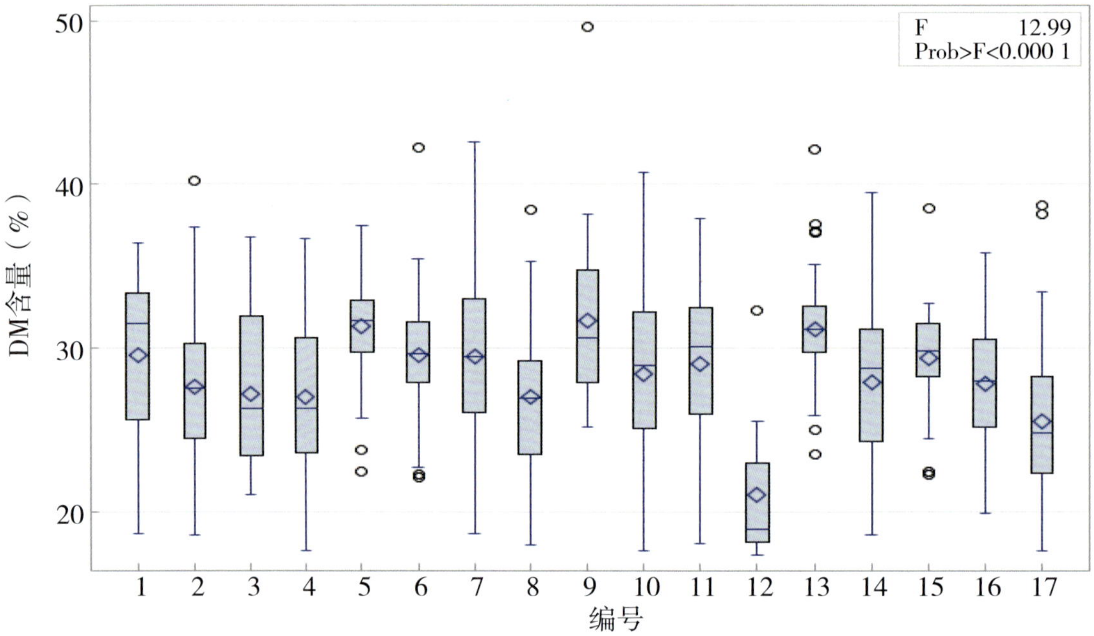

图3-17 不同省区全株玉米青贮干物质含量差异情况

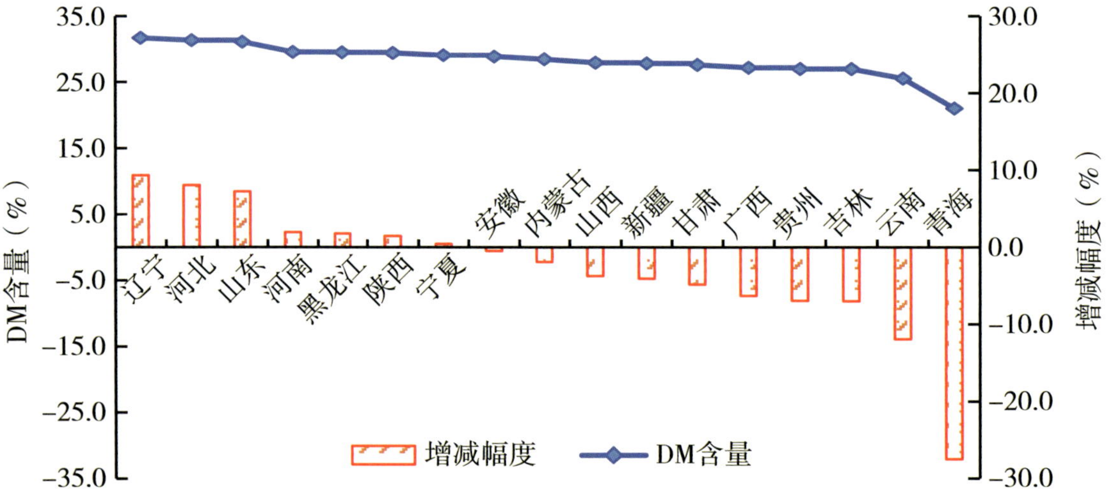

图3-18 不同省区全株玉米青贮干物质含量与全国平均水平比较

2. 粗蛋白质

各省区之间全株玉米青贮中CP含量差异明显（图3-19），全国全株玉米青贮CP含量平均值为8.9%，广西、青海、云南、贵州、安徽、河南、新疆、甘肃、陕西、吉林、辽宁、内蒙古12省区CP含量高于全国平均水平，分别高出7.6%、5.7%、5.5%、5.4%、3.8%、1.8%、1.0%、0.9%、0.9%、0.8%、0.7%、0.3%（图3-20）。

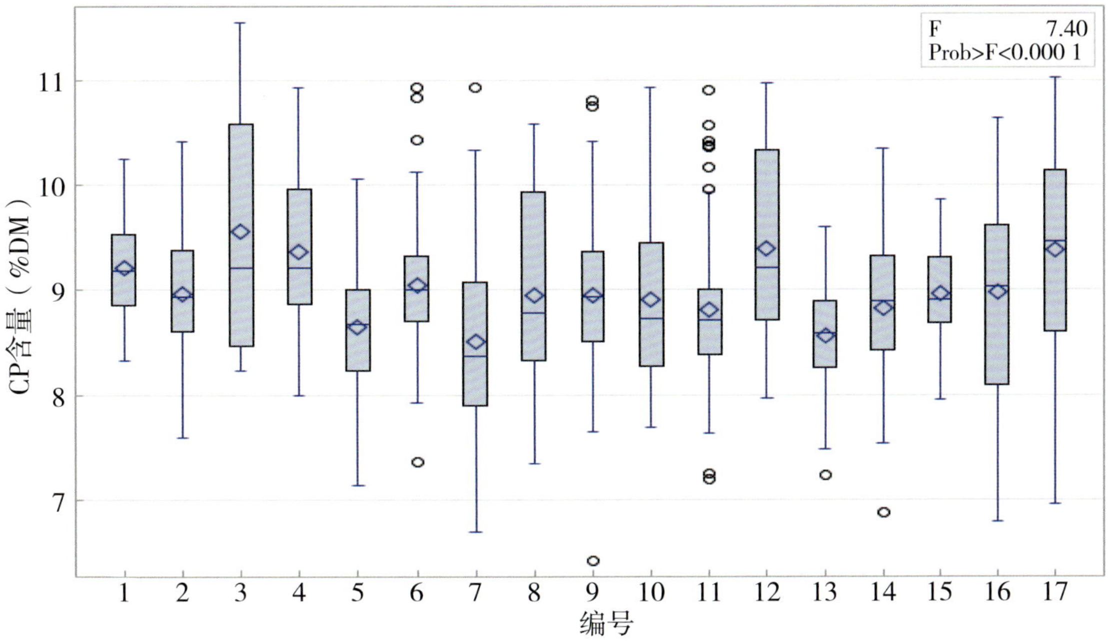

图3-19　不同省区全株玉米青贮粗蛋白质含量差异情况

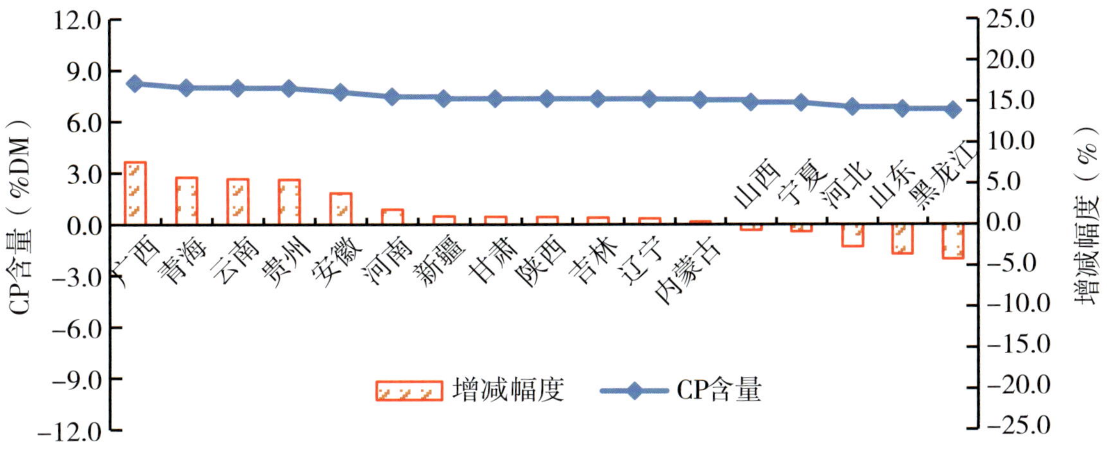

图3-20　不同省区全株玉米青贮粗蛋白质含量与全国平均水平比较

3. 淀粉

各省区之间全株玉米青贮中淀粉含量差异明显（图3-21），全国全株玉米青贮淀粉含量平均值为27.0%，陕西、山东、河北、河南、黑龙江、宁夏、内蒙古、新疆8省区淀粉含量高于全国平均水平，分别高13.9%、12.0%、11.2%、6.8%、2.6%、2.4%、1.4%和0.6%（图3-22）。

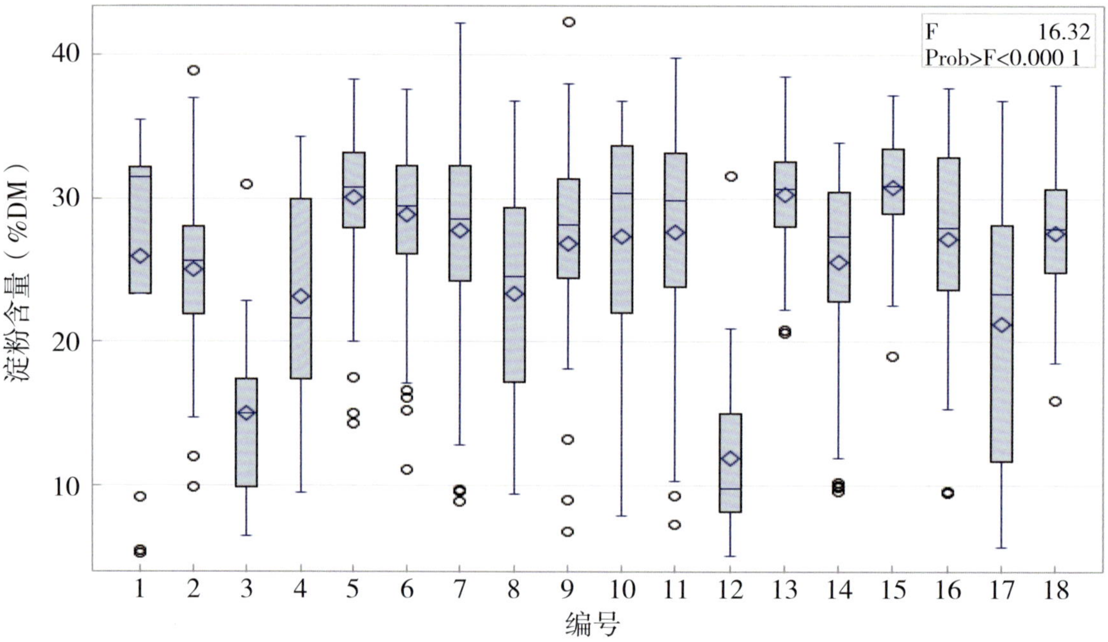

图3-21　不同省区全株玉米青贮淀粉含量差异情况

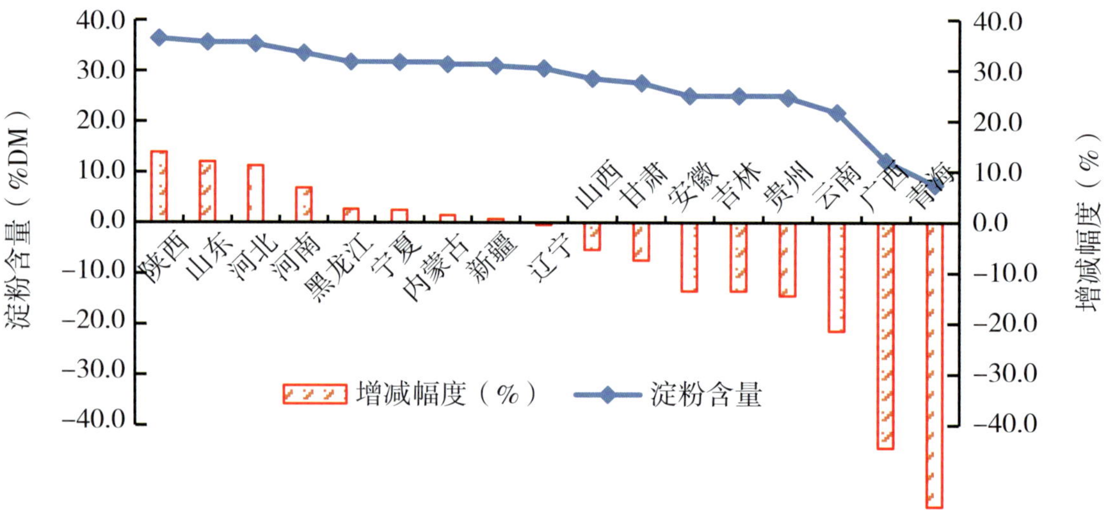

图3-22　不同省区全株玉米青贮淀粉含量与全国平均水平比较

4. 粗脂肪

各省区之间全株玉米青贮中EE含量差异明显（图3-23），全国全株玉米青贮EE含量平均值为4.1%，河北、山东、山西、宁夏4省区EE含量高于全国平均水平（图3-24）。

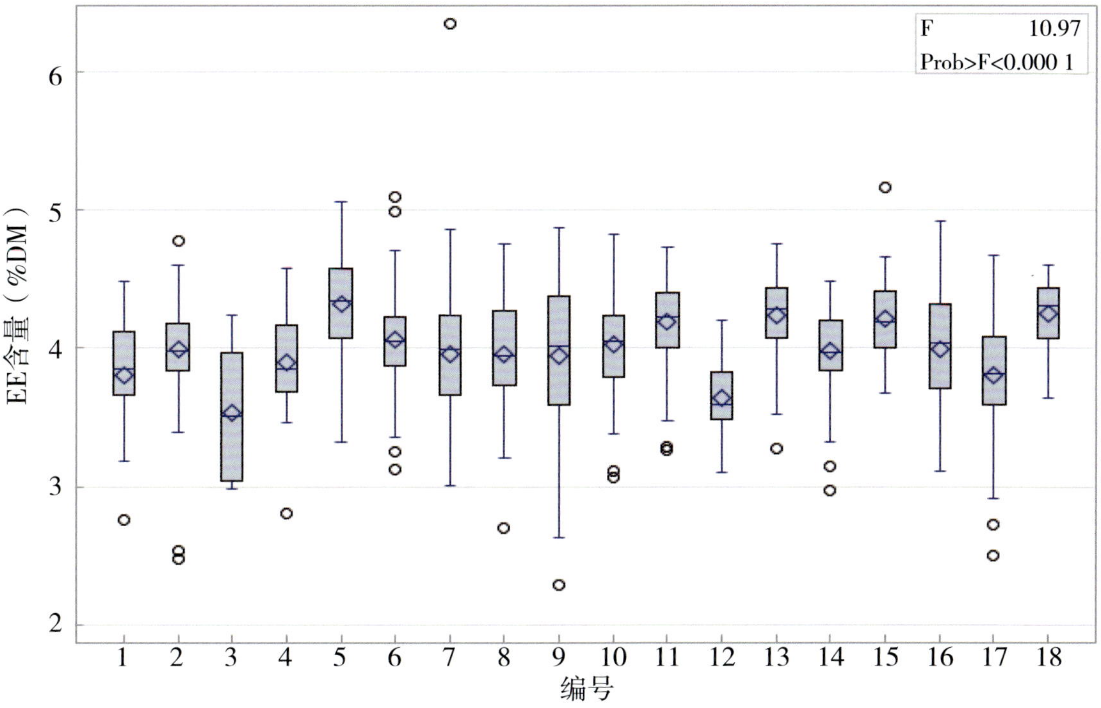

图3-23　不同省区全株玉米青贮粗脂肪含量差异情况

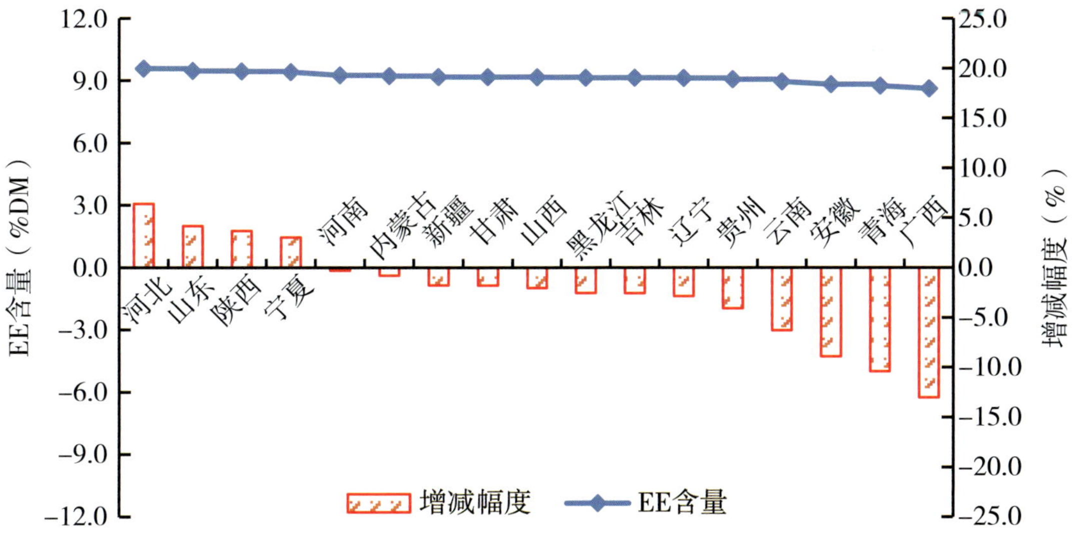

图3-24　不同省区全株玉米青贮粗脂肪含量与全国平均水平比较

5. 30h中性洗涤纤维消化率

各省区之间全株玉米青贮中30h NDFD差异明显（图3–25）。全国全株玉米青贮30h NDFD含量平均值为60.3%，河北、广西、山东、新疆、内蒙古、陕西、安徽7省区30h NDFD高于全国平均水平，分别高1.7%、1.3%、1.1%、1.1%、0.7%、0.7%、0.2%（图3–26）。

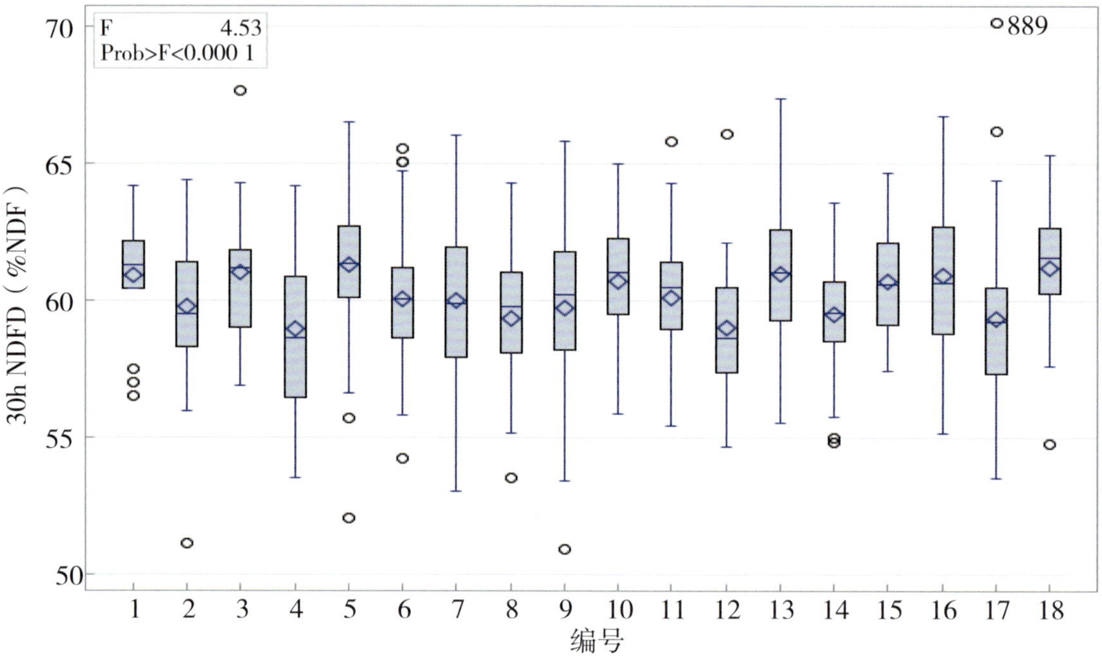

图3–25　不同省区全株玉米青贮30h中性洗涤纤维消化率差异情况

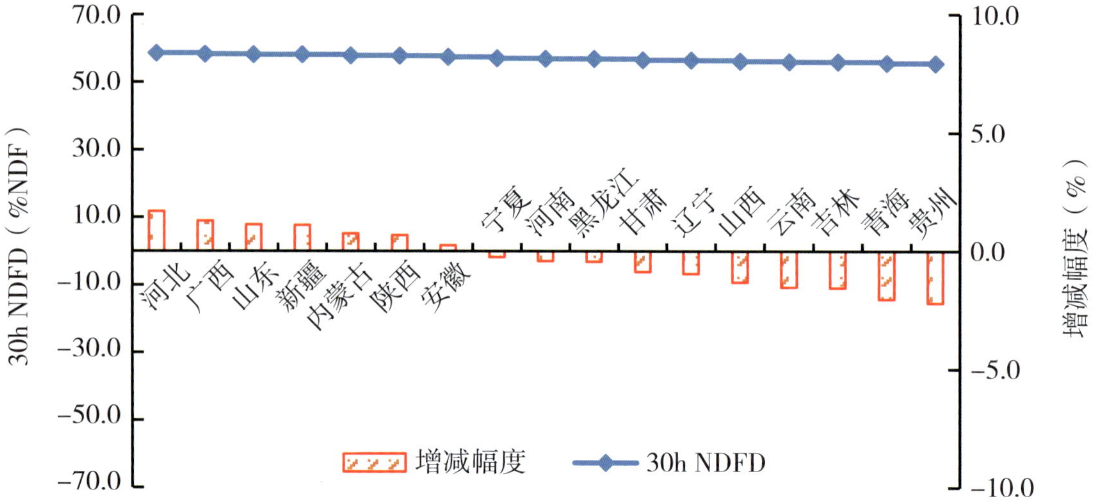

图3–26　不同省区全株玉米青贮30h中性洗涤纤维消化率与全国平均水平比较

6. 乳酸

全株玉米青贮乳酸含量平均值为4.5%，各省区之间全株玉米青贮乳酸含量差异明显（图3–27）。河北、吉林、甘肃、宁夏、内蒙古、新疆6省区乳酸含量高于全国平均水平，分别高11.0%、7.7%、4.7%、4.3%、1.5%、0.2%（图3–28）。

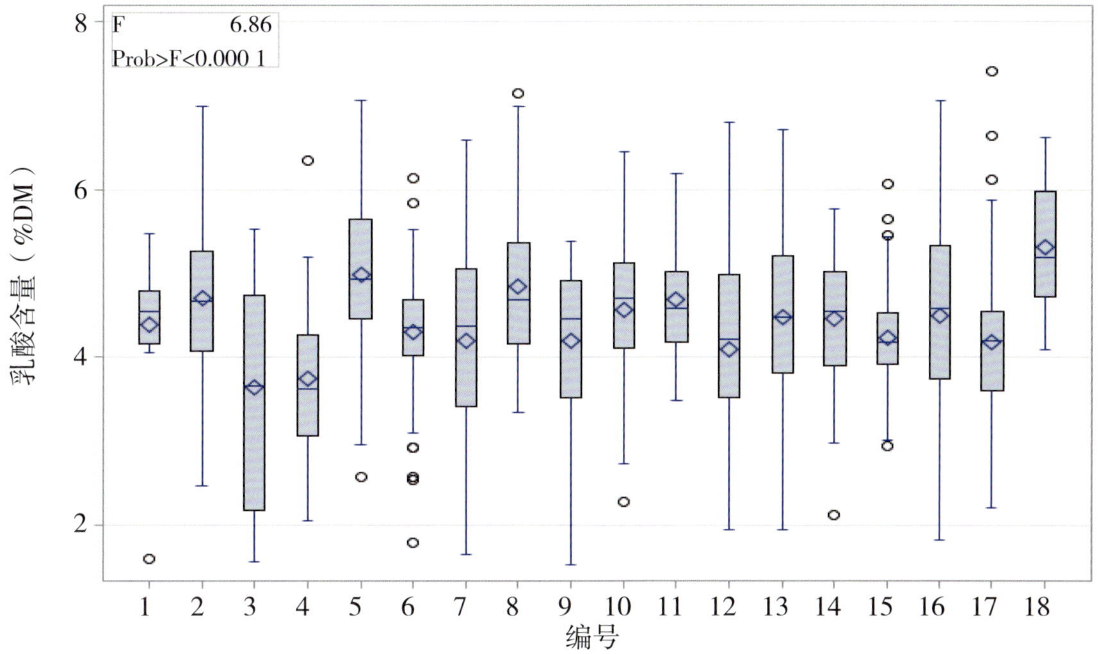

图3–27　不同省区全株玉米青贮乳酸含量差异情况

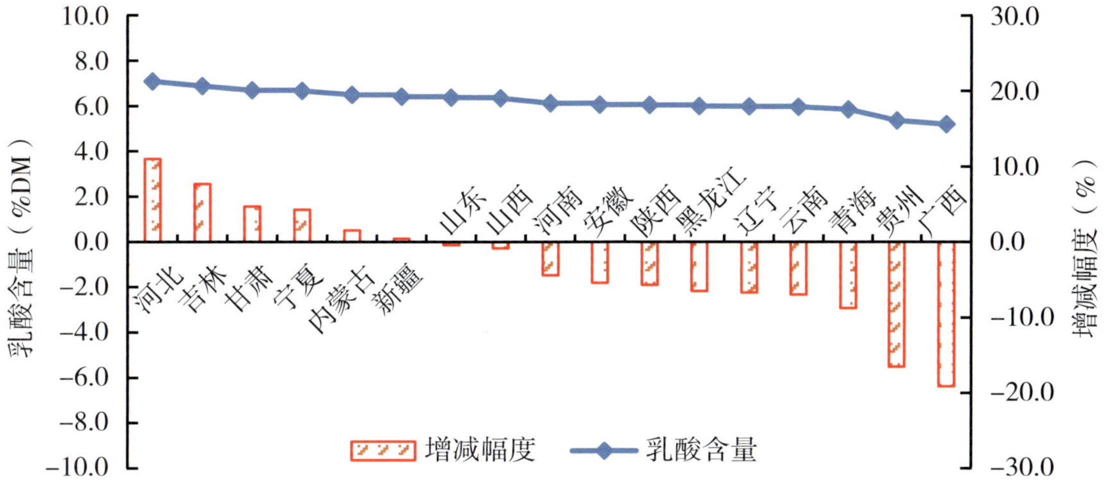

图3–28　不同省区全株玉米青贮乳酸含量与全国平均水平比较

7. 氨

全株玉米青贮氨含量平均值为0.9%，各省区之间全株玉米青贮氨含量差异明显（图3–29），青海、黑龙江、甘肃、内蒙古、吉林、山西、广西、新疆、安徽9省区氨含量低于全国平均水平，分别低10.3%、9.4%、4.9%、4.7%、3.8%、1.9%、1.7%、0.7%和0.6%（图3–30）。

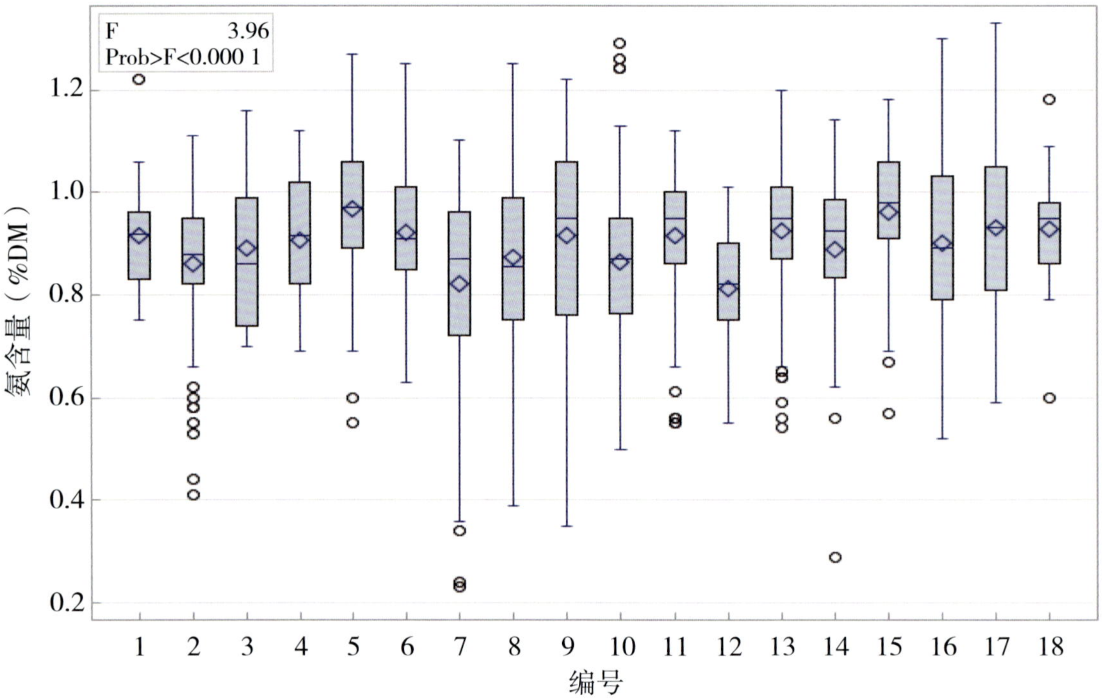

图3–29　不同省区全株玉米青贮氨含量差异情况

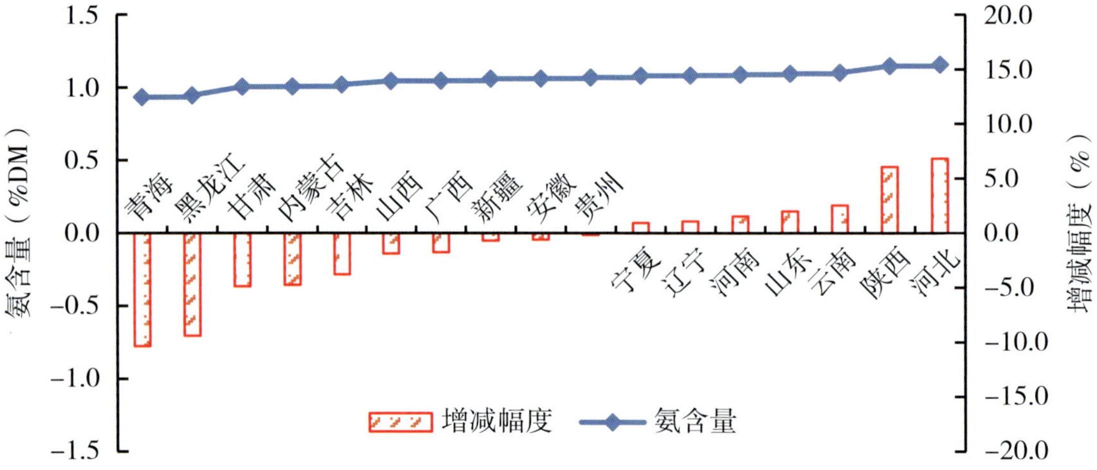

图3–30　不同省区全株玉米青贮氨含量与全国平均水平比较

8. 中性洗涤纤维

各省区之间全株玉米青贮中NDF含量差异明显（图3-31），全国全株玉米青贮NDF含量平均值为39.9%，陕西、山东、河北、河南、宁夏5省区NDF含量低于全国平均水平，分别低7.4%、7.1%、6.5%、5.3%、0.1%（图3-32）。

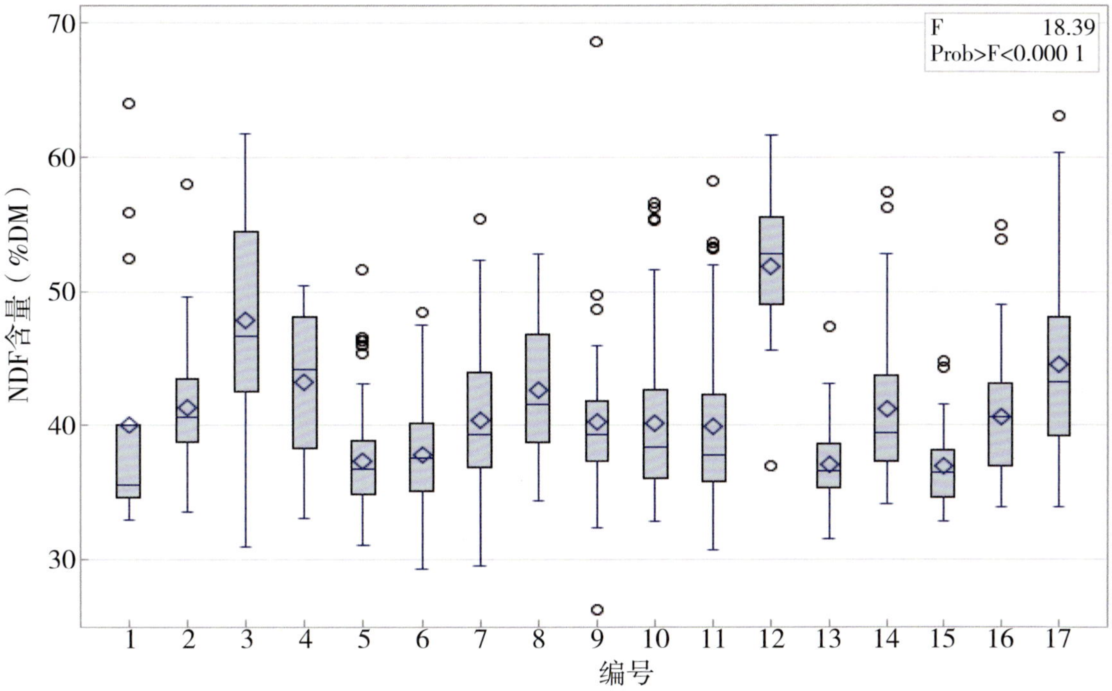

图3-31 不同省区全株玉米青贮中性洗涤纤维含量差异情况

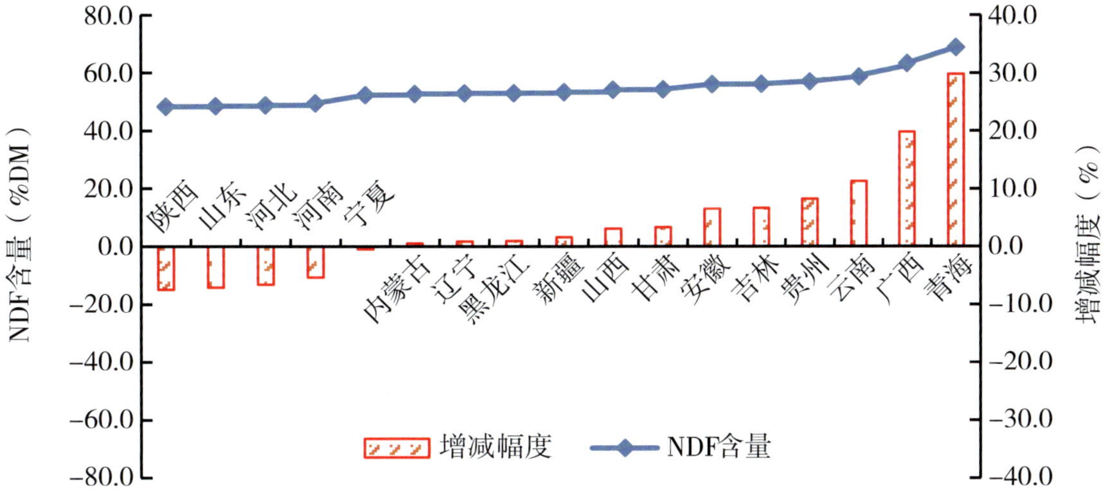

图3-32 不同省区全株玉米青贮中性洗涤纤维含量与全国平均水平比较

9. 灰分

各省区之间全株玉米青贮Ash含量差异明显（图3-33），全国全株玉米青贮Ash含量平均值为6.6%，陕西、河南、新疆、河北、内蒙古、宁夏、山东、黑龙江8省区Ash含量低于全国平均水平，分别低9.0%、4.3%、3.6%、2.6%、2.6%、2.6%、1.3%和0.5%（图3-34）。

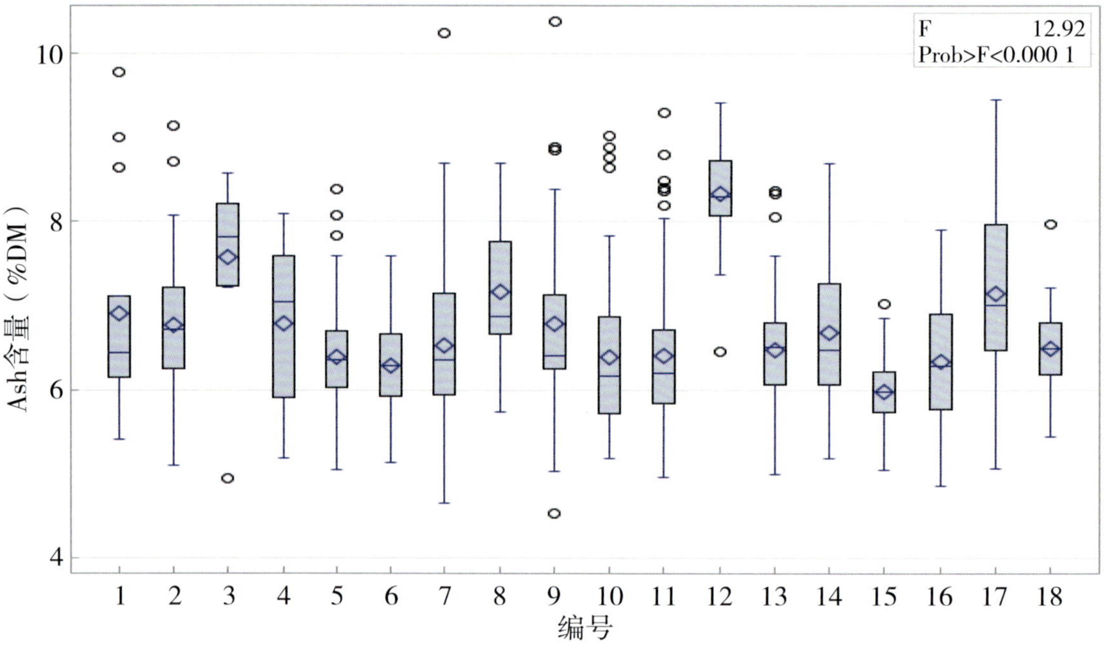

图3-33　不同省区全株玉米青贮灰分含量差异情况

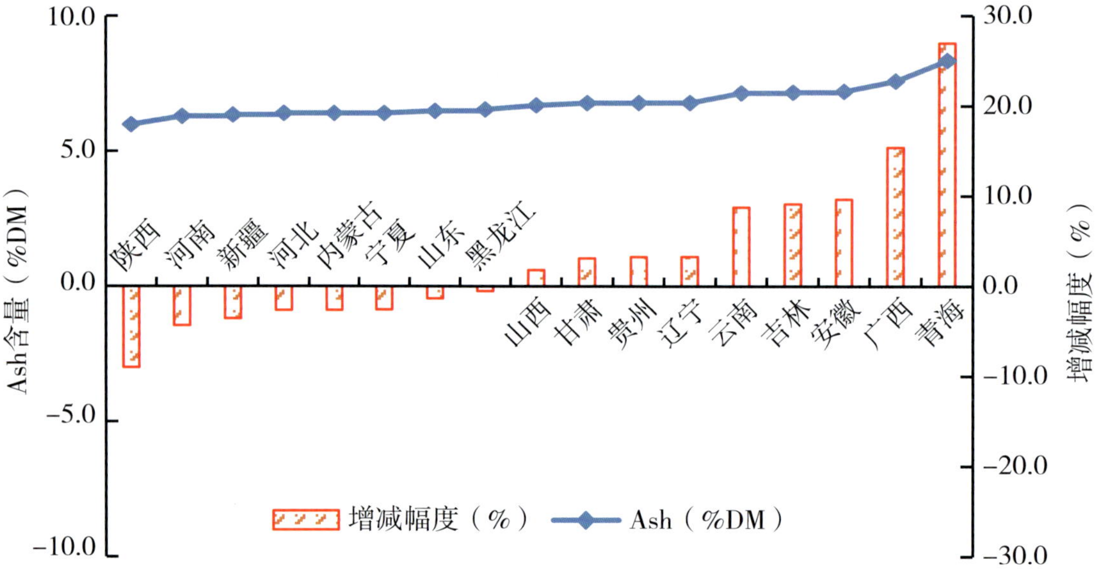

图3-34　不同省区全株玉米青贮灰分含量与全国平均水平比较

10. pH值

各省区之间全株玉米青贮pH值差异明显（图3–35），全国全株玉米青贮pH平均值为3.9，宁夏、新疆、河北、陕西、吉林、内蒙古、甘肃7省区pH值低于全国平均水平，分别低1.8%、1.7%、1.7%、1.4%、0.5%、0.4%、0.1%（图3–36）。

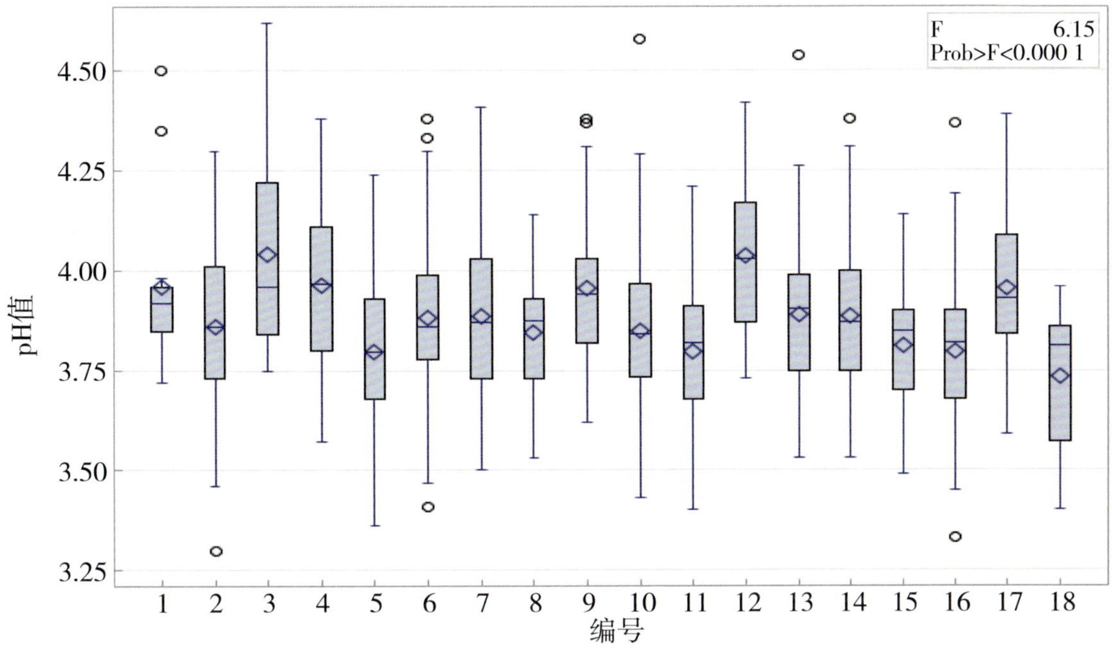

图3–35　不同省区全株玉米青贮pH值差异情况

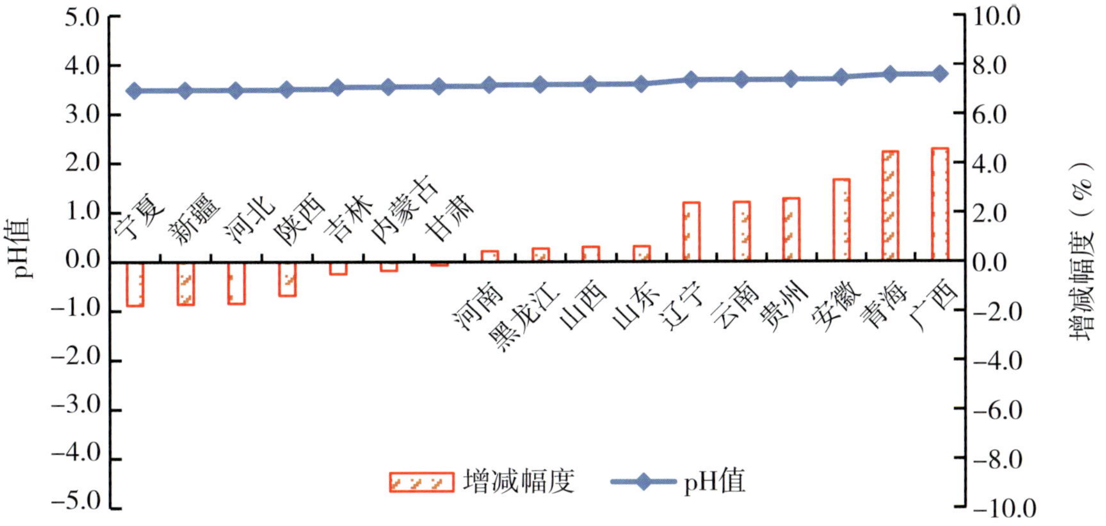

图3–36　不同省区全株玉米青贮pH值与全国平均水平比较

11. 乙酸

全株玉米青贮乙酸含量平均值为2.6%，各省区之间全株玉米青贮乙酸含量差异明显（图3-37），吉林、黑龙江、内蒙古、甘肃、安徽、河北、山东、辽宁8省区乙酸含量低于全国平均水平，分别低15.6%、13.3%、6.3%、5.6%、3.6%、2.8%、2.2%、1.5%（图3-38）。

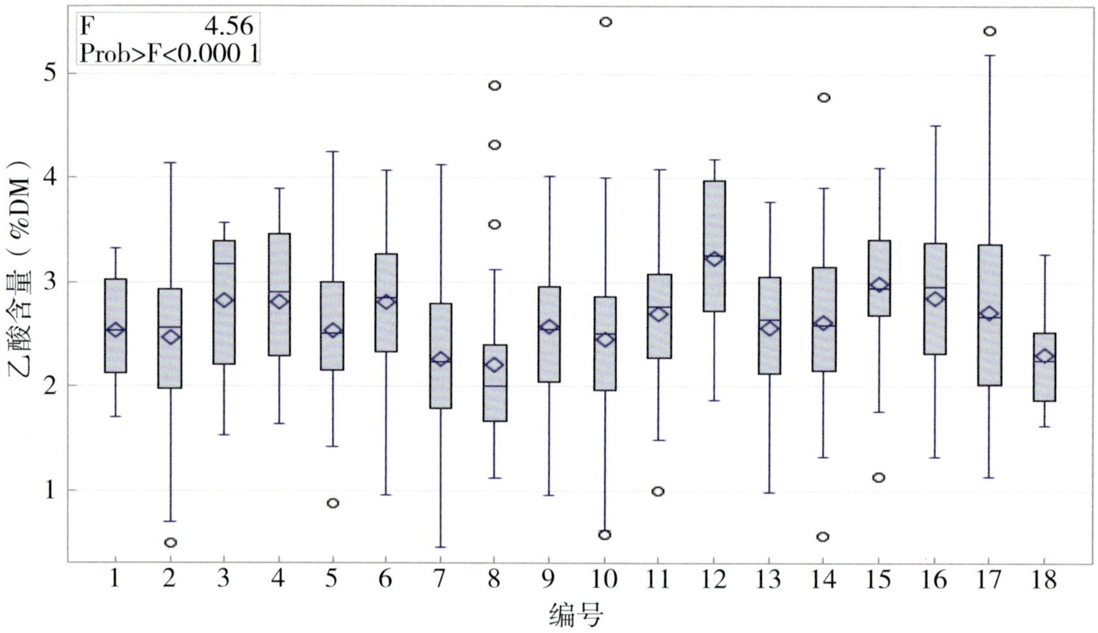

图3-37　不同省区全株玉米青贮乙酸含量差异情况

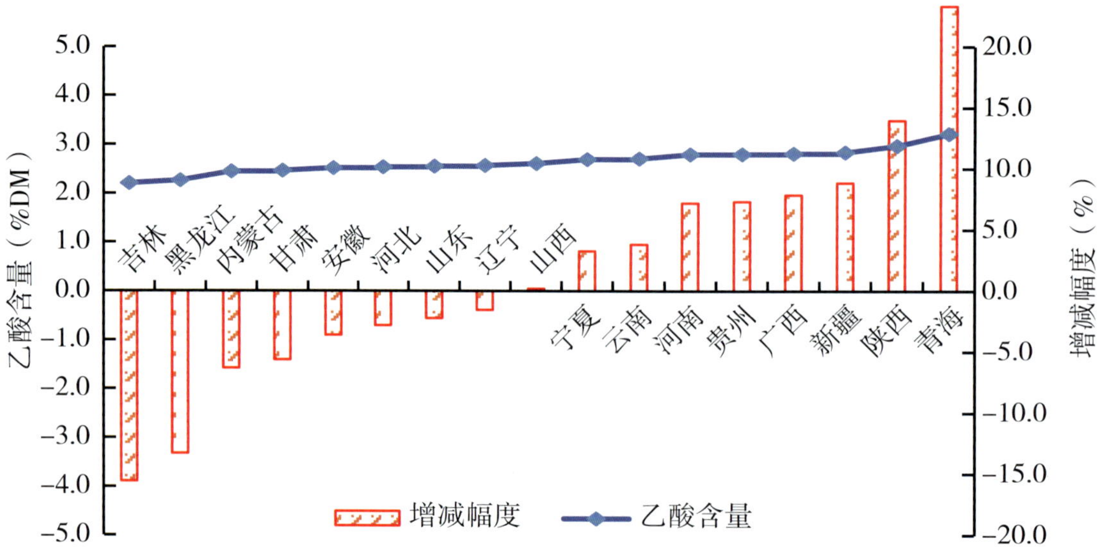

图3-38　不同省区全株玉米青贮乙酸含量与全国平均水平比较

（四）不同畜种全株玉米青贮质量状况

从2020—2021年CSQS评价结果看，不同畜种养殖企业全株玉米青贮质量均有所提升，奶牛、肉牛和肉羊养殖企业同比分别提高1.0%、1.7%和1.3%。从不同畜种看，奶牛养殖企业的全株玉米青贮质量状况最好（69.6分），显著高于肉牛和肉羊养殖企业（肉牛61.6分、肉羊61.9分），比肉牛和肉羊养殖企业分别高13.0%、12.4%。从评价指标看，奶牛养殖企业全株玉米青贮中DM、30h NDFD、淀粉、EE、乳酸、乳酸乙酸比显著高于肉牛和肉羊养殖企业，NDF、ADF、Ash、pH值显著低于肉牛和肉羊养殖企业（表3-4）。这与产业成熟度和养殖规模化程度对全株玉米青贮饲料的认知和需求匹配度有关。

表3-4　不同畜种全株玉米青贮质量比较

项目	奶牛	肉牛	肉羊	SEM	*P*值
营养指标					
DM（%）	30.6^{a}	27.0^{b}	27.2^{b}	0.15	<0.01
CP（%DM）	8.8^{b}	9.0^{a}	9.2^{a}	0.03	<0.01
NDF（%DM）	38.0^{b}	42.2^{a}	41.6^{a}	0.19	<0.01
30h NDFD（%DM）	60.6^{a}	59.8^{b}	60.2^{ab}	0.08	<0.01
ADF（%DM）	23.4^{b}	26.1^{a}	25.5^{a}	0.13	<0.01
淀粉（%DM）	29.5^{a}	24.1^{b}	24.6^{b}	0.25	<0.01
EE（%DM）	4.2^{a}	3.9^{b}	3.8^{c}	0.01	<0.01
Ash（%DM）	6.4^{b}	6.8^{a}	6.8^{a}	0.03	<0.01
发酵指标					
pH值	3.8^{b}	3.9^{a}	3.9^{a}	0.01	<0.01
氨（%DM）	0.9^{a}	0.9^{a}	0.8^{b}	0.01	<0.01
乳酸（%DM）	4.6^{a}	4.4^{b}	4.2^{b}	0.03	<0.01
乙酸（%DM）	2.6	2.7	2.5	0.02	0.14
乳酸乙酸比	1.9	1.9	2.0	0.03	0.81

（续表）

项目	奶牛	肉牛	肉羊	SEM	*P*值
能量指标					
泌乳净能（Mcal/kg）	1.6^{a}	1.5^{b}	1.5^{b}	0.00	<0.01
维持净能（Mcal/kg）	1.7^{a}	1.6^{b}	1.6^{b}	0.00	<0.01
增重净能（Mcal/kg）	1.1^{a}	1.0^{b}	1.0^{b}	0.00	<0.01
全株玉米青贮质量分级指数CSQS（分）					
2020年	68.9^{a}	60.6^{b}	61.1^{b}	1.44	<0.01
2021年	69.6^{a}	61.6^{b}	61.9^{b}	0.36	<0.01

（五）不同规模奶牛场全株玉米青贮质量状况

从2020—2021年CSQS评价结果看，500～1 000头、1 000～3 000头、3 000～5 000头规模牧场全株玉米青贮质量有小幅提升，同比提升2.8%、0.6%和1.1%。从不同规模看，500～1 000头（69.9分）、1 000～3 000头（69.7分）、3 000～5 000头（71.1分）和5 000头以上（71.6分）规模牧场显著高于500头以下规模牧场（66.6分），且随着规模化程度越高，全株玉米青贮质量越好（表3–5），这是由于规模化牧场收割时对含水量和淀粉含量等控制比小规模牧场好，随着奶牛养殖规模的增加，其大型收割机械使用率、青贮调制技术和管理水平越高。

表3–5　不同规模奶牛场全株玉米青贮质量比较

项目	500头以下	500～1 000头	1 000～3 000头	3 000～5 000头	5 000头以上	SEM	*P*值
营养指标							
DM（%）	28.8^{b}	31.1^{a}	31.0^{a}	30.7^{a}	31.0^{a}	0.17	<0.01
CP（%DM）	8.9^{a}	8.8^{ab}	8.7^{ab}	8.9^{a}	8.6^{b}	0.03	0.02
NDF（%DM）	39.2^{a}	37.7^{b}	37.9^{ab}	38.2^{ab}	37.4^{b}	0.19	0.04

（续表）

项目	500头以下	500～1 000头	1 000～3 000头	3 000～5 000头	5 000头以上	SEM	*P*值
30h NDFD（%DM）	60.1	60.7	60.5	60.9	60.6	0.10	0.14
ADF（%DM）	24.1	23.1	23.4	23.3	23.1	0.13	0.07
淀粉（%DM）	27.7[b]	29.8[a]	29.7[a]	29.9[a]	30.7[a]	0.25	<0.01
EE（%DM）	4.1[c]	4.2[bc]	4.3[a]	4.3[a]	4.2[bc]	0.02	<0.01
Ash（%DM）	6.5	6.3	6.3	6.3	6.3	0.03	0.09
发酵指标							
pH值	3.9	3.8	3.8	3.8	3.8	0.01	0.07
氨（%DM）	0.9	0.9	1.0	1.0	1.0	0.01	0.49
乳酸（%DM）	4.5[b]	4.5[b]	4.7[b]	4.5[b]	5.0[a]	0.04	<0.01
乙酸（%DM）	2.7	2.6	2.6	2.8	2.6	0.03	0.23
乳酸乙酸比	1.8	1.9	1.9	1.7	2.1	0.04	0.08
能量指标	3.9	3.8	3.8	3.8	3.8	0.01	0.07
泌乳净能（Mcal/kg）	1.5[b]	1.6	1.6[a]	1.6[a]	1.6[a]	0.00	0.02
维持净能（Mcal/kg）	1.6[b]	1.7[a]	1.7[a]	1.7[a]	1.7[ab]	0.00	0.03
增重净能（Mcal/kg）	1.0[b]	1.1[a]	1.1[a]	1.1[a]	1.1[a]	0.00	0.03
全株玉米青贮质量分级指数CSQS（分）							
2020年	66.8[a]	68.0[b]	69.3[ab]	70.3[ab]	72.2[ab]	0.45	0.01
2021年	66.6[a]	69.9[b]	69.7[b]	71.1[b]	71.6[b]	0.41	<0.01

（六）存在问题

随着粮改饲GEAF计划实施，粮改饲区域全株玉米青贮质量有了很大的提升，但也存在以下问题。

1. 缺乏青贮饲料质量定价体系

缺乏规范的青贮饲料质量定价体系，出现了种植户重视收贮“量”而轻“质量”，养殖户难以做到青贮饲料优质优价的现象，青贮饲料品质很难保证。

2. 青贮制作仍不规范

很多牧场在种、收、贮、用等技术环节仍存在很多问题，如品种选择不合理、收获时机把握不准、切割长度和留茬高度不合理、压实密度不充分等，造成质量参差不齐，利用效率不高，特别是肉牛场、羊场这一问题尤为突出。

3. 技术支撑服务仍旧不足

目前大中型规模化牧场在青贮制作过程中技术水平较高，能够系统掌握青贮制作要点，兼顾各个制作环节，且青贮品质比较稳定。小规模牧场及养殖户青贮制作缺乏专业技术人员，无法准确把握收获时期，青贮制作不规范，青贮质量也难以保证。

（七）建议

1. 构建青贮质量定价体系

构建以CSQS为基础的质量定价体系，既解决青贮饲料“鱼龙混杂”“以次充好”的问题，又能做到以质论价、优质优价，保证养殖企业与专业种植公司（合作社）之间的合理利益，实现种养结合健康发展。

2. 加大推广粮改饲GEAF计划技术规范

与各省区技术推广单位和相关技术企业通力合作，开展区域性技术指导、技术培训、技术服务。一是继续在各省区建立示范基地，开展青贮技术培训、技术示范及推广，以点带面，辐射推广；二是举办GEAF大赛及区域性评鉴活动，推动青贮品质升级。

3. 继续加强针对性技术培训

针对不同规模、不同水平、不同区域牧场的实际问题，开展针对性培训，重点围绕收获时期把握、加工调制、质量评价、贮后管理等技术环节，提高一线技术人员技术能力。同时，摸索出适宜当地的青贮生产模式，提升区域全株玉米青贮质量水平。

四、全株玉米青贮安全现状

（一）全株玉米青贮安全概况

2021年，对全国17个省区200个牧场的全株玉米青贮进行霉菌毒素抽检。全株玉米青贮中黄曲霉毒素B_1、玉米赤霉烯酮、伏马毒素（B_1+B_2）、赭曲霉毒素A和T–2毒素低于国家限量标准，未出现超标现象，检出值均低于国家标准限量值，但呕吐毒素出现超标现象，超标率为2.0%（表4–1）。跟踪评价样品中，黄曲霉毒素B_1、赭曲霉毒素A和T–2毒素未检出，而玉米赤霉烯酮、呕吐毒素、伏马毒素（B_1+B_2）含量平均值分别为131.4μg/kg、923.9μg/kg、452.4μg/kg，比2020年分别提高58.7%、45.1%和344.8%（图4–1），最大值分别为2 964.9μg/kg、13 957.2μg/kg和13 207.5μg/kg，检出率分别为65.5%、33.5%和57.0%，其中玉米赤霉烯酮、伏马毒素（B_1+B_2）含量比2020年分别提高了1.5个百分点和4.0个百分点，黄曲霉毒素B_1含量降低了5.0个百分点（图4–2）。

表4–1　2021年全株玉米青贮霉菌毒素检测情况

项目	平均值（μg/kg）	最大值（μg/kg）	最小值（μg/kg）	检测限（μg/kg）	检出率（%）	国家限量标准[1]（μg/kg）	超标率（%）
黄曲霉毒素B_1	0	0	0	2.3	0	30.0	0
玉米赤霉烯酮	131.4	2 964.9	0	59.1	65.5	1 000.0	0
呕吐毒素	923.9	13 957.2	0	740.0	33.5	5 000.0	2.0
伏马毒素（B_1+B_2）	452.4	13 207.5	0	100.0	57.0	60 000.0	0
赭曲霉毒素A	0	0	0	5.0	0	100.0	0
T–2毒素	0	0	0	5.0	0	500.0	0

注：[1]国家限量标准：参照GB 13078—2017饲料卫生标准。

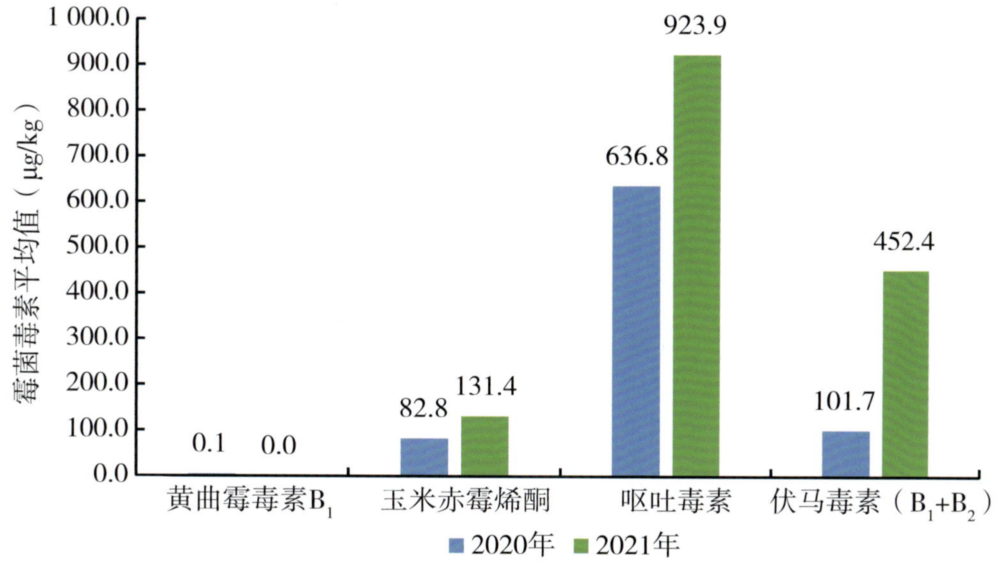

图4-1　2020—2021年全株玉米青贮霉菌毒素含量变化情况

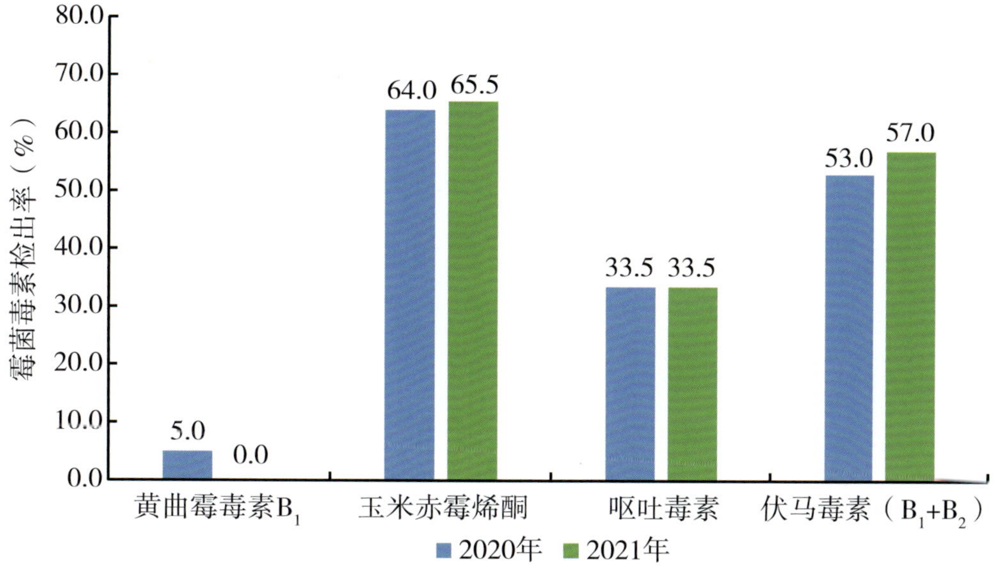

图4-2　2020—2021年全株玉米青贮霉菌毒素检出情况

（二）不同省区奶牛场全株玉米青贮安全现状

1. 黄曲霉毒素B_1、赭曲霉毒素A和T-2毒素

各省区的全株玉米青贮中黄曲霉毒素B_1、赭曲霉毒素A和T-2毒素均未检出（表4-1），但黄曲霉毒素B_1作为全株玉米青贮中常见的一种霉菌毒素，仍需重点监测。

2. 玉米赤霉烯酮

全株玉米青贮中玉米赤霉烯酮含量平均值、最大值均低于国家限量标准，但除广西外，各省区玉米赤霉烯酮均有检出。河北、山西、辽宁、吉林、黑龙江、安徽、山东、贵州、云南、陕西、青海、甘肃12省玉米赤霉烯酮检出率高于50%，其中河北、吉林、黑龙江、山东、贵州5省全株玉米青贮中玉米赤霉烯酮检出率达到90%以上（表4-2），需重点加强各省区全株玉米青贮中玉米赤霉烯酮的监测。

表4-2　2021年不同省区玉米赤霉烯酮检测情况

省区	平均值（μg/kg）	最小值（μg/kg）	最大值（μg/kg）	检出率（%）	超标率（%）
河北	198.1	0	624.2	95.7	0
山西	96.0	0	243.6	70.0	0
内蒙古	44.5	0	144.6	46.7	0
辽宁	101.7	0	262.3	71.4	0
吉林	194.5	97.4	308.8	100.0	0
黑龙江	214.2	0	809.7	92.9	0
安徽	52.9	0	83.2	66.7	0
山东	155.9	0	320.9	94.4	0
河南	46.4	0	175.4	44.4	0
广西	0	0	0	0	0
贵州	858.7	105.2	2 964.9	100.0	0
云南	313.2	0	1 597.0	78.6	0
陕西	133.7	0	322.3	75.0	0
甘肃	87.6	0	251.1	64.3	0
青海	65.3	0	102.2	75.0	0
宁夏	17.0	0	106.5	20.0	0
新疆	29.5	0	118.5	30.0	0

3. 呕吐毒素

山东、云南两省全株玉米青贮中呕吐毒素存在超标现象，超标率分别为16.7%、7.1%，其余各省区平均值、最大值均低于国家限量标准。其中河北、吉林、黑龙江、山东、陕西、青海6省检出率超过50%，山西、内蒙古、甘肃3省区检出率超过30%（表4–3），需要进一步加强各省区全株玉米青贮中呕吐毒素的监测，尤其是山东和云南两省。

表4–3　2021年不同省区呕吐毒素检测情况

省区	平均值（μg/kg）	最小值（μg/kg）	最大值（μg/kg）	检出率（%）	超标率（%）
河北	856.6	0	3 329.8	56.5	0
山西	564.6	0	2 618.9	30.0	0
内蒙古	335.1	0	1 172.9	33.3	0
辽宁	146.4	0	1 024.5	14.3	0
吉林	1 550.2	0	2 652.5	83.3	0
黑龙江	1 152.8	0	3 002.0	71.4	0
安徽	0	0	0	0	0
山东	2 719.8	0	13 957.2	61.1	16.7
河南	51.9	0	1 400.6	3.7	0
广西	0	0	0	0	0
贵州	206.7	0	826.8	25.0	0
云南	1 141.3	0	11 635.3	21.4	7.1
陕西	1 298.4	0	4 506.3	50.0	0
甘肃	1 124.7	0	4 945.4	35.7	0
青海	650.6	0	1 539.0	50.0	0
宁夏	165.5	0	1 674.4	15.0	0
新疆	0	0	0	0	0

4. 伏马毒素（B_1+B_2）

全株玉米青贮中伏马毒素（B_1+B_2）含量平均值、最大值均低于国家限量标准，但除广西、青海外，各省区伏马毒素（B_1+B_2）均有检出。河北、辽宁、黑龙江、安徽、山东、河南、贵州、陕西8省检出率超过50%，其中辽宁、山东两省检出率达到100%（表4-4），需要进一步加强各省区全株玉米青贮中伏马毒素（B_1+B_2）的监测。

表4-4　2021年不同省区伏马毒素（B_1+B_2）检测情况

省区	平均值（μg/kg）	最小值（μg/kg）	最大值（μg/kg）	检出率（%）	超标率（%）
河北	905.5	0	2 966.4	87.0	0
山西	106.4	0	515.1	40.0	0
内蒙古	55.5	0	540.8	13.3	0
辽宁	657.0	160.0	1 991.3	100.0	0
吉林	113.5	0	681.2	16.7	0
黑龙江	228.4	0	1 116.2	57.1	0
安徽	433.4	0	1 156.6	66.7	0
山东	962.5	236.7	2 258.9	100.0	0
河南	420.6	0	1 662.1	81.5	0
广西	0	0	0	0	0
贵州	469.2	0	1 521.6	50.0	0
云南	318.3	0	3 542.0	35.7	0
陕西	244.7	0	649.6	62.5	0
甘肃	1 244.9	0	13 207.5	35.7	0
青海	0	0	0	0	0
宁夏	119.4	0	549.3	45.0	0
新疆	118.2	0	416.5	40.0	0

（三）存在问题

2021年全株玉米青贮中黄曲霉毒素B_1、玉米赤霉烯酮、伏马毒素（B_1+B_2）、赭曲霉毒素A和T-2毒素未出现超标现象，但呕吐毒素存在超标现象，超标率为2.0%，主要集中在山东和云南两省，存在潜在的风险，但仍处于可控范围内。与2020年相比，玉米赤霉烯酮、呕吐毒素、伏马毒素（B_1+B_2）含量平均值分别提高了58.7%、45.1%和344.8%，而且玉米赤霉烯酮、伏马毒素（B_1+B_2）检出率比2020年分别提高了1.5个百分点和4.0个百分点，这可能与各地气候、土壤环境、玉米青贮的种植、调制技术和贮后管理等因素密切相关。

（四）建议

一是加大霉菌毒素监测。针对全株玉米青贮存在潜在安全风险的省区应重点关注，尤其是山东和云南两省，呕吐毒素存在超标现象，应该加大两省对呕吐毒素的监测范围和力度。扩大各省区对玉米赤霉烯酮、呕吐毒素、伏马毒素（B_1+B_2）含量监测范围，尤其是检出率高的省份，加大监测数量，同时也要加强对黄曲霉毒素B_1的关注。

二是加强优质青贮生产技术指导与培训。针对霉菌毒素检出率较高的省区，围绕种植、收获、调制、贮后管理等技术环节，对养殖企业尤其是小规模牧场和养殖户开展技术培训，提高优质全株玉米青贮生产技术水平和管理水平，降低青贮饲料安全风险。

五、2022年全株玉米青贮质量安全工作重点

（一）加强全株玉米青贮质量安全跟踪评价

继续开展粮改饲区域全株玉米（苜蓿）青贮质量安全跟踪评价工作，实施粮改饲区域全覆盖采样，监测玉米（苜蓿）青贮饲料营养、发酵、安全指标，完善粮改饲全株玉米（苜蓿）青贮饲料营养成分数据库，同时加强粮改饲区域青贮饲料中霉菌毒素监控。

（二）加快实施全株玉米青贮饲料质量分级体系

加快在粮改饲区域推广全株玉米青贮饲料质量分级评分指数（CSQS），重点在河北、河南、宁夏、山东、黑龙江、云南等省区建立示范基地，以点带面，辐射推广CSQS体系，推动粮改饲区域将CSQS纳入地方技术推广体系，促进粮改饲高质量发展。

（三）加强粮改饲GEAF计划实施，带动畜牧业高质量发展

继续实施粮改饲GEAF计划，加强与各省区技术推广单位和相关技术企业通力合作，开展区域性技术指导、技术培训、技术服务。一是继续加大区域性省区优质青贮技术合作，开展青贮技术培训、技术示范及推广；二是加大青贮饲料报告数据解读，指导生产；三是举办GEAF大赛及区域性评鉴活动，推动青贮品质升级。实施粮改饲GEAF计划，全面提高全株玉米青贮品

质，提高青贮饲料转化率，带动畜牧业高质量发展。

（四）成立粗饲料专业委员会

为促进青贮饲料的规范化管理，推进青贮饲料专业化生产，充分发挥生产、管理、科研、教学、推广等方面专家的作用，加强各方面交流与合作，成立粗饲料专业委员会，推动青贮饲料品种、添加剂、收贮加工设备等相关产业高质量发展。

附件1

粮改饲—优质青贮行动计划（GEAF计划）

一、目的

为解决玉米青贮种、收、贮、用等技术环节存在的实际问题，全国畜牧总站和中国农业科学院北京畜牧兽医研究所联合组织实施粮改饲—优质青贮行动计划（GEAF计划），旨在提升玉米青贮品质，确保粮改饲实施效果，促进畜牧业高质量发展。

二、组织管理

GEAF计划在农业农村部畜牧兽医局指导下，由全国畜牧总站和中国农业科学院北京畜牧兽医研究所具体组织实施，粮改饲区域各级畜牧行政主管部门和技术推广单位与生产企业配合。技术推广协调办公室设在全国畜牧总站饲料行业指导处，人员由全国畜牧总站饲料行业指导处和中国农业科学院北京畜牧兽医研究所反刍动物营养创新团队相关人员共同组成。

三、实施内容

1. 技术推广服务团队

由畜牧技术推广单位、科研院所、高校、牧场及企业等专业技术人员组成优质青贮技术推广服务团队，各省区委派1名联络员。技术推广服务团队以示范基地为中心，开展GEAF技术集成、技术服务、技术指导和技术培训等。

2. 优质青贮行动计划示范基地

在粮改饲17个省区筛选52个示范点，建立优质青贮行动计划示范基地。筛选原则如下。

（1）每个粮改饲区域（包括北大荒农垦集团）推荐2～4个示范基地；示范基地必须是粮改饲补贴主体。

（2）示范基地涵盖不同养殖规模主体和专业收贮主体。奶牛存栏不低于1 000头，单产不低于9t；肉牛存栏不低于300头；羊存栏不低于1 000只；专业收贮主体年收贮量不低于3万t。

3. 优质青贮行动计划技术规范体系

根据不同地区、不同积温带的特点，从种植、调制、评价、利用各个环节建立适宜的优质青贮GEAF规范体系，指导青贮饲料生产和推广应用。种植（Growing）：绿色高效青贮种植关键技术，包括青贮品种筛选、田间种植技术、田间管理技术；调制（Ensiling）：优质青贮饲料调制关键技术，包括收获时间判断、收刈技术、青贮运输、青贮发酵技术、压实、封窖技术；评价（Assessment）：优质青贮饲料质量评价体系，包括青贮感官指标、营养指标、发酵指标、卫生指标、有氧稳定性、籽实破碎指数评价等；利用（Feeding）：优质青贮饲料高效利用技术，包括青贮取料技术、淀粉利用率评价、TMR日粮配制技术。

4. 示范推广

以示范基地为中心，开展青贮种植关键技术、调制关键技术、质量评价体系和高效利用技术标准的示范观摩，并在粮改饲区域推广优质青贮GEAF规范体系，提高青贮饲料品质，确保粮改饲实施效果。

附件2

中国全株玉米青贮样品的采集与评价指标

一、中国全株玉米青贮样品采集情况

（一）采样数量

2021年全年累计检测1 879批次全株玉米青贮样品，其中粮改饲区域抽样950批次和相关单位委托检测929批次。在粮改饲17个省区808个县中，进行全覆盖采样，共采集有效青贮样品950批次，其中河北114批次、山西43批次、内蒙古71批次、辽宁30批次、吉林26批次、黑龙江67批次、安徽14批次、山东86批次、河南127批次、广西18批次、贵州21批次、云南64批次、陕西39批次、甘肃72批次、青海17批次、宁夏98批次、新疆43批次；接收相关单位委托检测929批次。

（二）采集对象

规模化养殖场、养殖小区及青贮饲料专业生产企业。

（三）采样方法及流程

全株玉米青贮样品由优质青贮技术推广服务团队进行采样。具体采样方法、采样流程由中国农业科学院北京畜牧兽医研究所制定。

二、中国全株玉米青贮样品评价指标与方法

（一）评价指标

1. 质量指标

（1）营养指标：干物质（DM）、粗蛋白质（CP）、淀粉、中性洗涤纤维（NDF）、30h中性洗涤纤维消化率（30h NDFD）、酸性洗涤纤维（ADF）、粗脂肪（EE）、灰分（Ash）含量。

（2）发酵指标：pH值、氨、乳酸和乙酸含量。

（3）全株玉米青贮质量分级指数：CSQS。

2. 安全卫生指标

（1）黄曲霉毒素B_1

（2）玉米赤霉烯酮

（3）呕吐毒素

（4）伏马毒素（B_1+B_2）

（5）赭曲霉毒素A

（6）T–2毒素

（二）检测方法

（1）质量指标

质量指标采用近红外光谱法分析（中国农业科学院北京畜牧兽医研究所，2018）。

（2）全株玉米青贮质量分级指数

以4个营养指标（粗蛋白质、30h中性洗涤纤维消化率、淀粉、粗脂肪）和2个发酵指标（氨、乳酸）为核心指标建立综合评分体系（中国农业科学院北京畜牧兽医研究所，2019）。

（3）安全卫生指标

霉菌毒素：参照国家饲料质量监督检验中心（北京）饲料中37种霉菌毒素测定标准操作指导书，液相色谱串联质谱法。

常用名词、术语中英文全称及英文缩写

中文全称	英文全称	英文缩写
干物质	Dry matter	DM
粗蛋白质	Crude protein	CP
中性洗涤纤维	Neutral detergent fiber	NDF
酸性洗涤纤维	Acid detergent fiber	ADF
中性洗涤纤维消化率	Neutral detergent fiber digestibility	NDFD
淀粉	Starch	Starch
粗脂肪	Ether extract	EE
灰分	Ash	Ash
全株玉米青贮质量指数	Corn silage quality index	CSQI
全株玉米青贮质量分级指数	Corn silage quality scoring index	CSQS